Airflow实战

朱鹏程◎著

人民邮电出版社
北京

图书在版编目（CIP）数据

Airflow实战 / 朱鹏程著. -- 北京 : 人民邮电出版社, 2023.12
 ISBN 978-7-115-62377-5

Ⅰ. ①A… Ⅱ. ①朱… Ⅲ. ①数据处理软件 Ⅳ. ①TP274

中国国家版本馆CIP数据核字(2023)第141927号

内 容 提 要

本书由浅入深地介绍了如何快速搭建 Airflow 集群，包括不同操作系统的快速搭建方法、Airflow 的安装方法、Airflow 集群的部署方法、Airflow 中的核心概念和其他重要概念、Airflow 的架构和组件、Airflow 的系统管理、实践经验以及其他常见的调度系统。附录提供了 Docker 和 Kubernetes 的简介。此外，本书还提供了在生产环境中使用 Airflow 的诸多实践与经验，无论是对研发工程师创建工作流、排查工作流问题，还是对运维工程师维护集群运转、优化集群性能，都有极其重要的借鉴价值。

本书图文并茂，理论翔实，示例丰富，适合正在使用或者即将使用 Airflow 作为调度系统的研发工程师、Airflow 平台的运维工程师以及对 Airflow 感兴趣的读者阅读。

♦ 著　　　　朱鹏程
　 责任编辑　秦　健
　 责任印制　王　郁　焦志炜

♦ 人民邮电出版社出版发行　北京市丰台区成寿寺路 11 号
　 邮编　100164　电子邮件　315@ptpress.com.cn
　 网址　https://www.ptpress.com.cn
　 大厂回族自治县聚鑫印刷有限责任公司印刷

♦ 开本：800×1000　1/16
　 印张：13.75　　　　　　　　2023 年 12 月第 1 版
　 字数：260 千字　　　　　　 2023 年 12 月河北第 1 次印刷

定价：79.80 元

读者服务热线：(010)81055410　印装质量热线：(010)81055316
反盗版热线：(010)81055315
广告经营许可证：京东市监广登字 20170147 号

前　言

为什么要写这本书

Airflow 是 Apache 软件基金会负责的顶级项目。作为一个工作流（workflow）平台，用户可以使用 Airflow 创建、调度和监控工作流。目前，国内外众多公司将 Airflow 作为内部的调度系统解决方案。然而，有关 Airflow 的资料却略显匮乏。笔者 2019 年首次接触 Airflow，此后对 Airflow 的功能迭代和系统演进一直保持着浓厚兴趣并持续关注。机缘巧合之下，又于 2021 年年初开始参与 Airflow 在某大型互联网公司的落地和推广，从而积累了很多相关的经验。为了让更多的读者熟练掌握 Airflow，笔者将自己对 Airflow 的实践经验整理成书。希望本书可以帮助读者轻松学习 Airflow 的使用方法和运作原理。

本书特色

本书基于 Airflow 2.2.4 版本，涵盖 Airflow 的安装部署、重要概念、核心原理、架构和组件、系统管理等诸多内容。

对于更高版本的 Airflow，本书结合具体的示例介绍了相关新功能。

此外，本书还提供了在生产环境使用 Airflow 的诸多实践，不管是对研发工程师创建工作流、排查工作流问题，还是对运维工程师维护集群运转、优化集群性能，都有极其重要的借鉴价值。

本书图文并茂，理论翔实，示例丰富，可以作为 Airflow 的全方位技术指南。

读者对象

本书适合如下读者阅读。

- ❑ 正在使用或者即将使用 Airflow 作为调度系统的研发工程师。本书涵盖 Airflow 2.2.4 版本的全部功能，并配备了大量的示例和讲解，非常适合作为 Airflow 的入门学习资料。此外，本书还包含对 Airflow 源代码的解读和系统架构的分析，相信这部分内容对于想要深入了解 Airflow 的中高级工程师也是有帮助的。
- Airflow 平台的运维工程师。本书记录了许多 Airflow 运维方面的实践经验和经典示例。书中的调优方法和排查手段将会对系统运维工程师的日常工作有直接的帮助。
- 其他对 Airflow 感兴趣的读者。深入了解 Airflow 这样的开源项目对开发人员自身的编码能力、系统架构的设计能力等都会有很大的帮助。

如何阅读本书

如果你是第一次接触 Airflow，建议按照顺序阅读本书，并且参考书中的示例进行编码和实战。如果你已经对 Airflow 有一定的了解，可以把本书当成参考手册，直接查看需要学习的章节。以下是各章的基本介绍。

第 1 章介绍快速搭建集群的方法，Linux 操作系统、macOS、Windows 10 操作系统的用户都可以在其中找到对应的方案。

第 2 章介绍安装 Airflow 的方法，这一部分内容主要针对 Ubuntu 20.04 操作系统，使用 Ubuntu 其他版本或者使用其他 Linux 发行版的用户需要根据系统做适当的调整。

第 3 章介绍 Airflow 集群的部署方法，分为容器环境和非容器环境两部分。

第 4 章介绍 Airflow 中的核心概念——DAG、Task、DAG Run 和 Task Instance。

第 5 章介绍 Airflow 中的其他重要概念——XCom、Variable、Connection 和 Hook、Pool、Priority Weight、Cluster Policy 以及 Deferrable Operator 和 Trigger。

第 6 章介绍 Airflow 的架构和组件。Airflow 有多种架构，各有优劣。

第 7 章介绍 Airflow 的系统管理，内容包括配置、安全、日志和监控、插件、模块管理、CLI、时区等。

第 8 章介绍实践经验，主要是笔者管理和运维 Airflow 集群的经验总结。

第 9 章介绍 Airflow 2.3 版本、2.4 版本、2.5 版本的新功能。

第 10 章介绍其他常见的调度系统，并且将它们与 Airflow 进行比较。

附录 A 为 Docker 简介。

附录 B 为 Kubernetes 简介。

由于编写时间仓促，笔者水平有限，书中难免会出现一些错误或者不准确的地方，恳请读者批评指正。期待能够得到你们的真挚反馈。

致谢

感谢人民邮电出版社的秦健老师，在这一年多的时间中他始终支持我的写作，他的鼓励和帮助引导我顺利完成全部书稿。

感谢我的领导殷钢先生，他在我面临职场困境时给予了很大的帮助和支持。感谢我的同事吴劼平先生，他与我一道在公司层面进行 Airflow 项目的推广，我从他身上学到很多技术。感谢我的同事姚序明女士，她指导我完成了本书一部分图片的制作。

感谢我的爸爸、妈妈、外公、外婆、爷爷、奶奶、岳父、岳母，感谢你们的支持，并时时刻刻为我灌输着信心和力量。

谨以此书献给我最亲爱的妻子，遇见你是我最大的幸运。

朱鹏程

资源与支持

资源获取

本书提供如下资源：

- 本书源代码；
- 书中图片文件；
- 本书思维导图；
- 异步社区 7 天 VIP 会员。

要获得以上资源，您可以扫描右方二维码，根据指引领取。

提交勘误

作者和编辑尽最大努力来确保书中内容的准确性，但难免会存在疏漏。欢迎您将发现的问题反馈给我们，帮助我们提升图书的质量。

当您发现错误时，请登录异步社区（https://www.epubit.com），按书名搜索，进入本书页面，点击"发表勘误"，输入勘误信息，点击"提交勘误"按钮即可（见右图）。本书的作者和编辑会对您提交的勘误进行审核，确认并接受后，您将获赠异步社区的 100 积分。积分可用于在异步社区兑换优惠券、样书或奖品。

与我们联系

我们的联系邮箱是 contact@epubit.com.cn。

如果您对本书有任何疑问或建议,请您发邮件给我们,并请在邮件标题中注明本书书名,以便我们更高效地做出反馈。

如果您有兴趣出版图书、录制教学视频,或者参与图书翻译、技术审校等工作,可以发邮件给我们。

如果您所在的学校、培训机构或企业,想批量购买本书或异步社区出版的其他图书,也可以发邮件给我们。

如果您在网上发现有针对异步社区出品图书的各种形式的盗版行为,包括对图书全部或部分内容的非授权传播,请您将怀疑有侵权行为的链接发邮件给我们。您的这一举动是对作者权益的保护,也是我们持续为您提供有价值的内容的动力之源。

关于异步社区和异步图书

"异步社区"(www.epubit.com)是由人民邮电出版社创办的 IT 专业图书社区,于 2015 年 8 月上线运营,致力于优质内容的出版和分享,为读者提供高品质的学习内容,为作译者提供专业的出版服务,实现作者与读者在线交流互动,以及传统出版与数字出版的融合发展。

"异步图书"是异步社区策划出版的精品 IT 图书的品牌,依托于人民邮电出版社在计算机图书领域 30 余年的发展与积淀。异步图书面向 IT 行业以及各行业使用 IT 技术的用户。

目　　录

第 1 章　快速搭建 Airflow 集群............1

1.1　准备工作..1
　　1.1.1　安装 kubectl................................1
　　1.1.2　安装 Docker 和 kind...................5
　　1.1.3　安装 Helm..................................7
1.2　创建 Kubernetes 集群.........................8
1.3　使用 Helm 部署 Airflow 集群............8
1.4　运行示例...10
1.5　本章小结...11

第 2 章　安装 Airflow............................12

2.1　在非容器化环境中基于 PyPI 安装
　　　Airflow...12
　　2.1.1　准备工作....................................12
　　2.1.2　安装 Airflow..............................13
　　2.1.3　升级 Airflow..............................14
2.2　在容器化环境中扩展 Airflow 官方的
　　　镜像...15
2.3　本章小结...15

第 3 章　部署 Airflow 集群...................16

3.1　在非容器化生产环境中部署
　　　Airflow...16
　　3.1.1　基于 Celery Executor 的部署.....16
　　3.1.2　基于 Dask Executor 的部署.......23
3.2　在容器化生产环境中部署
　　　Airflow...28
　　3.2.1　基于 Celery Executor 的
　　　　　 部署..28
　　3.2.2　基于 Kubernetes Executor 的
　　　　　 部署..39
　　3.2.3　基于 CeleryKubernetes Executor
　　　　　 的部署..40
3.3　本章小结...41

第 4 章　DAG 相关概念........................42

4.1　DAG 简介...42
　　4.1.1　构造 DAG...................................44
　　4.1.2　加载 DAG...................................48

4.1.3　运行 DAG 49
4.2　Task 50
　　　4.2.1　Task 的类型 51
　　　4.2.2　TaskGroup 61
　　　4.2.3　Task 的超时处理 63
4.3　DAG Run 和 Task Instance 63
4.4　本章小结 70

第 5 章　其他概念 71

5.1　XCom 71
　　　5.1.1　XCom 的使用场景 71
　　　5.1.2　如何使用 XCom 71
5.2　Variable 73
　　　5.2.1　通过 Webserver UI 配置
　　　　　　Variable 74
　　　5.2.2　通过环境变量配置 Variable 75
　　　5.2.3　通过其他方式配置 Variable 76
5.3　Connection 和 Hook 76
　　　5.3.1　基本概念 77
　　　5.3.2　Connection 的配置 77
　　　5.3.3　Connection 和 Hook 的使用 80
　　　5.3.4　SSHHook 源代码分析 81
5.4　Pool 82
　　　5.4.1　Pool 的设置 82
　　　5.4.2　Pool 的使用 83
5.5　Priority Weight 84
5.6　Cluster Policy 84
　　　5.6.1　Cluster Policy 的使用场景和
　　　　　　类型 85
　　　5.6.2　具体示例 85

5.7　Deferrable Operator 和 Trigger 86
　　　5.7.1　使用 Deferrable Operator 和
　　　　　　Trigger 86
　　　5.7.2　从源代码分析 Deferrable Operator
　　　　　　和 Trigger 87
5.8　本章小结 89

第 6 章　架构和组件 90

6.1　架构 90
6.2　Scheduler 91
　　　6.2.1　解析 DAG 文件 91
　　　6.2.2　调度 DAG 和 Task 92
　　　6.2.3　运行 Task Instance 94
6.3　Webserver 97
　　　6.3.1　UI 97
　　　6.3.2　REST API 99
6.4　Triggerer 104
6.5　本章小结 104

第 7 章　系统管理 105

7.1　配置 105
　　　7.1.1　如何管理配置 105
　　　7.1.2　特殊的配置 107
　　　7.1.3　配置的优先级 108
7.2　安全 108
　　　7.2.1　访问控制 109
　　　7.2.2　API 认证 111
　　　7.2.3　Webserver UI 安全 113
　　　7.2.4　数据安全 114
7.3　日志和监控 115

7.3.1 日志和监控的架构 116
7.3.2 日志 116
7.3.3 监控 117
7.4 插件 118
7.4.1 插件的安装和加载 118
7.4.2 如何实现插件 119
7.5 模块管理 126
7.5.1 如何添加 Python 模块 126
7.5.2 如何排查问题 126
7.6 CLI 127
7.6.1 全部命令 127
7.6.2 自动补齐 129
7.7 时区 130
7.7.1 datetime 对象与时区 130
7.7.2 Airflow 是如何处理时区的 130
7.7.3 Webserver UI 的时区显示 131
7.8 本章小结 132

第 8 章 Airflow 集群实践 133

8.1 Executor 调优 133
8.1.1 Celery Executor 调优 134
8.1.2 Kubernetes Executor 调优 141
8.1.3 Dask Executor 调优 141
8.2 高可用 142
8.2.1 高可用的 Scheduler 142
8.2.2 高可用的 Webserver 143
8.2.3 高可用的 Triggerer 143
8.3 鲁棒的数据库访问 144
8.3.1 PostgreSQL 优化 144
8.3.2 MySQL 优化 144

8.3.3 数据库通用优化 144
8.4 简化 DAG 文件发布和解析 145
8.4.1 简化 DAG 文件发布 145
8.4.2 通过配置控制 DAG 文件解析的行为 145
8.5 用插件扩展集群的能力 146
8.5.1 编写插件 146
8.5.2 安装插件 152
8.5.3 测试插件 152
8.6 加强 REST API 的能力 155
8.7 其他 158
8.7.1 让集群更安全 158
8.7.2 监控必不可少 159
8.7.3 为 DAG 和 Task 添加说明文档 159
8.7.4 配置邮件通知 160
8.7.5 控制调度的并发度 161
8.8 本章小结 162

第 9 章 Airflow 的新功能 163

9.1 Airflow 2.3 版本的新功能 163
9.1.1 动态 Task 映射 163
9.1.2 网格视图 169
9.1.3 其他功能 173
9.2 Airflow 2.4 版本的新功能 174
9.2.1 数据感知调度 174
9.2.2 其他功能 175
9.3 Airflow 2.5 版本的新功能 175
9.4 本章小结 176

第 10 章　其他调度系统 177

10.1　DolphinScheduler 177
10.1.1　DolphinScheduler 的架构 177
10.1.2　DolphinScheduler 的特点和优势 179
10.1.3　DolphinScheduler 与 Airflow 的对比 180

10.2　AWS Step Functions 180
10.2.1　AWS Step Functions 的特点和优势 181
10.2.2　AWS Step Functions 与 Airflow 的对比 181

10.3　Google Workflows 181
10.3.1　Google Workflows 的特点和优势 182
10.3.2　Google Workflows 与 Airflow 的对比 182

10.4　Azkaban 183
10.4.1　Azkaban 的特点和优势 183
10.4.2　Azkaban 与 Airflow 的对比 184

10.5　Kubeflow 184
10.5.1　Kubeflow 的特点和优势 185
10.5.2　Kubeflow 与 Airflow 的对比 185

10.6　本章小结 186

附录 A　Docker 简介 187

附录 B　Kubernetes 简介 197

第 1 章　快速搭建 Airflow 集群

笔者认为学习一款软件,最好的办法是先搭建一个最小可用系统,然后通过使用该系统快速了解软件的功能和使用场景。如果一上来就学习枯燥的理论知识和概念,则很容易从入门到放弃。Airflow 的学习之旅也将秉承这个思路。本章将带领读者一步步快速搭建一个 Airflow 集群,这个集群可以运行本书中绝大多数的示例代码。

1.1　准备工作

由于本章采用容器化部署的方式来搭建 Airflow 集群,因此读者需要对容器化技术有一定的了解,包括但不限于 Docker、Kubernetes 等。如果需要获得 Docker 的入门知识,可参见附录 A。如果需要获得 Kubernetes 的入门知识,可参见附录 B。

在正式开始操作之前,请确保以下依赖已经安装就绪。

- kubectl。kubectl 是 Kubernetes 的命令行工具,用户通过这款工具管理 Kubernetes 集群。kubectl 可以用来部署应用、监测和管理集群资源以及查看日志。
- kind。kind 是一款基于 Docker 构建 Kubernetes 本地集群的工具,常常用来搭建本地的 Kubernetes 开发和测试环境。
- Helm。Helm 是 Kubernetes 的包管理器,类似于 Ubuntu 操作系统中的 APT 和 CentOS 中的 Yum。Helm 支持对 Kubernetes 应用进行统一打包、分发、安装、升级以及回退。

接下来分别介绍上述 3 个依赖在 Linux、macOS 以及 Windows 10 操作系统中的安装方式。如果你已经非常了解相关内容,可以直接阅读 1.2 节。

1.1.1　安装 kubectl

1. 在 Linux 操作系统中安装 kubectl

在 Linux 操作系统中安装 kubectl 的步骤如下。

步骤1 在Linux操作系统中打开终端,使用下面的命令下载kubectl的v1.24.0版本:

```
curl -LO https://dl.k8s.io/release/v1.24.0/bin/linux/amd64/kubectl
```

如果想要下载其他版本的kubectl,请将上面命令中的v1.24.0换成相应的版本号。

步骤2 使用下面的命令安装kubectl:

```
sudo install -o root -g root -m 0755 kubectl /usr/local/bin/kubectl
```

步骤3 使用下面的命令测试kubectl是否正常工作:

```
kubectl version --client
```

如果已经成功安装kubectl,那么上述命令会输出kubectl的版本信息,参考如下:

```
Client Version: version.Info{Major:"1", Minor:"24", GitVersion:"v1.24.0", GitCommit:"4ce5a8954017644c5420bae81d72b09b735c21f0", GitTreeState:"clean", BuildDate:"2022-05-03T13:46:05Z", GoVersion:"go1.18.1", Compiler:"gc", Platform:"linux/amd64"}
Kustomize Version: v4.5.4
```

2. 在macOS中安装kubectl

在macOS中安装kubectl的步骤如下。

步骤1 在macOS中打开终端,使用下面的命令安装kubectl:

```
brew install kubectl
```

步骤2 使用下面的命令测试kubectl是否正常工作:

```
kubectl version --client
```

如果已经成功安装kubectl,那么上述命令会输出kubectl的版本信息,参考如下:

```
Client Version: version.Info{Major:"1", Minor:"24", GitVersion:"v1.24.0", GitCommit:"4ce5a8954017644c5420bae81d72b09b735c21f0", GitTreeState:"clean", BuildDate:"2022-05-03T13:46:05Z", GoVersion:"go1.18.1", Compiler:"gc", Platform:"darwin/amd64"}
Kustomize Version: v4.5.4
```

3. 在Windows 10操作系统中安装kubectl

在Windows 10操作系统中安装kubectl的步骤如下。

步骤1 通过浏览器访问如下地址,下载kubectl的v1.24.0版本:

```
https://dl.k8s.io/release/v1.24.0/bin/windows/amd64/kubectl.exe
```

步骤2 在Windows 10操作系统的桌面上右击"此电脑"图标,在弹出的快捷菜单中选择"属性"命令,在"设置"窗口的右侧单击"高级系统设置",弹出"系统属性"对话框,如图1-1所示。

图 1-1 "系统属性"对话框

单击"高级"标签→"环境变量"按钮,弹出"环境变量"对话框,如图 1-2 所示。

图 1-2 "环境变量"对话框

在"用户变量"列表框中选中 Path，然后单击"编辑"按钮，此时弹出"编辑环境变量"对话框，再单击"新建"按钮，在文本框中输入步骤 1 中下载的 kubectl.exe 文件的目录位置，如图 1-3 所示。

图 1-3 "编辑环境变量"对话框

操作完成后，在"编辑环境变量"对话框、"环境变量"对话框和"系统属性"对话框中依次单击"确定"按钮，保存修改。

本步骤描述的修改 PATH 环境变量的方法仅在 Windows 10 操作系统中验证过。对于其他版本的 Windows 操作系统，方法可能略有不同。

步骤 3 打开 Windows 10 操作系统的命令提示符，输入下面的命令测试 kubectl 是否正常工作：

```
kubectl version --client
```

如果已经成功安装 kubectl，那么上述命令会输出 kubectl 的版本信息，参考如下：

```
Client Version: version.Info{Major:"1", Minor:"24", GitVersion:"v1.24.0", GitCommit:
```

```
"4ce5a8954017644c5420bae81d72b09b735c21f0", GitTreeState:"clean", BuildDate:"2022-05-
03T13:46:05Z", GoVersion:"go1.18.1", Compiler:"gc", Platform:"windows/amd64"}
   Kustomize Version: v4.5.4
```

kubectl 的安装方法多种多样。本节介绍了在 Linux 操作系统和 Windows 10 操作系统上用二进制文件安装 kubectl 的方法，以及在 macOS 上用包管理工具安装 kubectl 的方法。实际上，在 Linux 操作系统和 Windows 10 操作系统上也可以用包管理工具安装 kubectl，在 macOS 上同样能够用二进制文件安装 kubectl。建议对这部分内容感兴趣的读者查看 Kubernetes 官方文档中关于 kubectl 安装的部分：https://kubernetes.io/docs/tasks/tools/#kubectl。

1.1.2 安装 Docker 和 kind

1. 安装 Docker

在安装 kind 之前，首先安装 Docker。

安装 Docker 的步骤如下。

步骤 1 通过浏览器访问下面的地址：

https://docs.docker.com/get-docker/

打开 Docker 安装包的汇总下载页面，如图 1-4 所示。

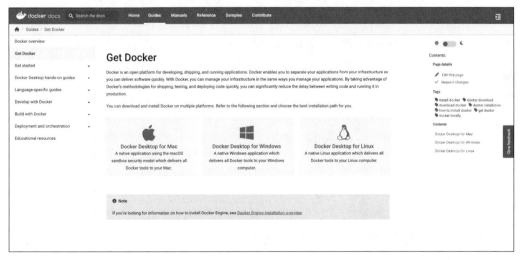

图 1-4　Docker 安装包的汇总下载页面

该页面包含 3 个链接，分别指向 macOS/Windows/Linux 操作系统的 Docker 安装包下载页面。如果使用的是 macOS，请选择 Docker Desktop for Mac，进入 macOS 的 Docker 安装包下载页面。如果使用的是 Windows 操作系统，请选择 Docker Desktop for Windows，进入 Windows 操作系统的 Docker 安装包下载页面。如果使用的是 Linux 操作系统，请选择 Docker Desktop for Linux，进入 Linux 操作系统的 Docker 安装包下载页面。每个操作系统的安装包下载页面都包含进一步的引导，用户需要按照提示根据计算机的硬件和操作系统的版本下载符合自己软硬件配置的 Docker 安装包。

步骤 2　使用安装包安装 Docker。

如果是 macOS，安装包应该是一个 dmg 文件。双击这个文件，然后把 Docker 的图标拖曳到 Applications 目录。

如果是 Windows 操作系统，安装包应该是一个 exe 文件。双击运行这个文件即可。

如果是 Linux 操作系统，根据具体 Linux 发行版的不同，安装包可能是 deb 文件或者 rpm 文件。我们以 Ubuntu 操作系统为例讲解 Docker 的安装。Ubuntu 是 Linux 发行版中的一个，Docker 安装包在 Ubuntu 操作系统中是一个 deb 文件，使用下面的命令安装：

```
sudo apt-get update
sudo apt-get install ./xxx.deb
```

其中 xxx.deb 代表安装包，请根据自己下载的安装包的名称进行替换。

步骤 3　初次启动 Docker。

从安装的程序中找到 Docker Desktop，单击打开。

第一次启动需要按照交互式界面的提示一步步完成设置，具体的过程如下。

（1）在"Docker 订阅服务协议"窗口中单击 Accept（接受）按钮。

（2）在"安装"窗口中选择 Use recommended settings（使用推荐设置）复选框。

（3）单击 Finish（完成）按钮。

2. 安装 kind

安装 kind 的步骤如下。

步骤 1　通过浏览器访问下面的地址：

```
https://github.com/kubernetes-sigs/kind/releases
```

打开的页面中包含多个 kind 的发行版，这里选择最新的版本即可。每个版本的 kind 都会为不同的操作系统提供不同的二进制文件，读者需要根据自己的操作系统选择合适的 kind 二进制文件。下载完成后，将文件重命名。如果是 Linux 操作系统和 macOS，则将文件重命名为 kind。如果是 Windows 10 操作系统，则将文件重命名为 kind.exe。

步骤 2 此步骤仅针对 Linux 操作系统和 macOS，使用 Windows 10 操作系统的用户可以忽略这一步。

打开操作系统终端，输入下面的命令：

```
chmod +x ./kind
```

步骤 3 对于 Linux 操作系统和 macOS，因为 /usr/local/bin 目录已经在 PATH 环境变量中，所以直接把 kind 二进制文件移动到 /usr/local/bin 目录下即可，命令如下：

```
mv ./kind /usr/local/bin/kind
```

对于 Windows 10 操作系统，将 kind 二进制文件的路径追加到 PATH 环境变量中的方法与 1.1.1 节在 Windows 10 操作系统中安装 kubectl 的步骤 3 相同，这里不再赘述。

本节并没有罗列 kind 的全部安装方法。实际上，对于 Linux 操作系统、macOS、Windows 10 操作系统，安装 kind 的方法有多种。想要尝试不同于本节介绍的安装方法，请阅读 kind 的官方文档。

1.1.3 安装 Helm

安装 Helm 的步骤如下。

步骤 1 通过浏览器访问下面的地址：

```
https://github.com/helm/helm/releases
```

打开的页面中包含多个 Helm 的发行版，这里选择最新的版本即可。每个版本的 Helm 都会为不同的操作系统提供不同的压缩包文件，读者需要根据自己的操作系统选择合适的 Helm 压缩包文件。

步骤 2 解压缩步骤 1 中下载的文件，得到一个文件夹，文件夹中包含 Helm 的二进制文件。如果是 Linux 操作系统和 macOS，文件的名字是 helm。如果是 Windows 10 操作系统，文件的名字是 helm.exe。

步骤 3 对于 Linux 操作系统和 macOS，因为 /usr/local/bin 目录已经在 PATH 环境变量中，所以直接把 Helm 二进制文件移动到 /usr/local/bin 目录下即可，命令如下：

```
mv ./helm /usr/local/bin/helm
```

对于 Windows 10 操作系统，将 Helm 二进制文件的路径追加到 PATH 环境变量中的方法与 1.1.1 节在 Windows 10 操作系统中安装 kubectl 的步骤 3 相同，这里不再赘述。

 注意

Helm 本身提供两种安装方法。同时 Helm 社区又提供了通过不同的包管理器安装 Helm 的方法。限于篇幅，本节只介绍 Helm 的一种安装方法。如果对其他的安装方法感兴趣，推荐查阅 Helm 官方文档：https://helm.sh/zh/docs/intro/install/。

1.2 创建 Kubernetes 集群

我们可以利用 kind 快速搭建一个开发用的 Kubernetes 集群。具体命令如下：

```
kind create cluster --image kindest/node:v1.18.15
```

这一步可能会花费一些时间。下面的命令能帮助确认集群是否已经安装就绪：

```
kubectl cluster-info --context kind-kind
```

如果集群安装就绪，那么上述命令会输出类似下面的信息：

```
Kubernetes control plane is running at https://127.0.0.1:54067
KubeDNS is running at https://127.0.0.1:54067/api/v1/namespaces/kube-system/services/kube-dns:dns/proxy
```

1.3 使用 Helm 部署 Airflow 集群

使用 Helm 部署 Airflow 集群的步骤如下。

步骤 1 使用下面的命令添加 Airflow 的 Helm chart 仓库：

```
helm repo add apache-airflow https://airflow.apache.org
helm repo update
```

步骤 2 使用下面的命令创建 Kubernetes 的 namespace：

```
kubectl create namespace example-namespace
```

步骤 3 使用下面的命令安装 Airflow 的 Helm chart：

```
helm install example-release apache-airflow/airflow \
  --namespace example-namespace \
  --set-string 'env[0].name=AIRFLOW__CORE__LOAD_EXAMPLES,env[0].value=True'
```

这一步可能会花费一些时间，可以用下面的 kubectl 命令确认 Airflow 集群是否已经安装就绪：

```
kubectl -n example-namespace get po
```

如果组件都正常工作，上述命令的输出信息如图 1-5 所示。

```
NAME                                          READY  STATUS   RESTARTS  AGE
example-release-postgresql-0                  1/1    Running  0         8m57s
example-release-redis-0                       1/1    Running  0         8m57s
example-release-scheduler-7b564cfb7-cm7kx     2/2    Running  0         8m57s
example-release-statsd-5ddcd467b9-82f84       1/1    Running  0         8m57s
example-release-triggerer-979c9cffb-czs5h     1/1    Running  0         8m57s
example-release-webserver-59465f77cb-s7cng    1/1    Running  0         8m57s
example-release-worker-0                      2/2    Running  0         8m57s
```

图 1-5　Airflow 所有的组件都正常运行

图 1-5 显示 Airflow 所有组件的状态都是 Running，这代表一切正常。

另一种确认 Airflow 集群是否安装就绪的方法是使用 Helm 命令判断 Airflow 应用的状态：

```
helm list --namespace example-namespace
```

成功安装 Airflow 应用的标志是命令的输出信息中 STATUS 一栏为 deployed，如图 1-6 所示。

```
NAME             NAMESPACE          REVISION  UPDATED                             STATUS    CHART         APP VERSION
example-release  example-namespace  1         2022-08-01 20:31:32.032045 +0800 CST deployed  airflow-1.6.0 2.3.0
```

图 1-6　Helm 成功安装 Airflow 应用

步骤 4　完成前面的步骤之后能够得到一个正常工作的 Airflow 集群，但是这个集群无法通过浏览器访问。为了通过浏览器访问集群，使用下面的命令进行端口映射：

```
kubectl -n example-namespace port-forward svc/example-release-webserver 8080:8080
```

接下来打开浏览器，访问 http://localhost:8080/，应该能正常载入 Airflow Webserver 的登录页面，如图 1-7 所示。

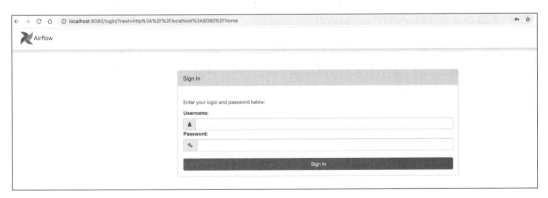

图 1-7　Airflow Webserver 的登录页面

在 Username 文本框中输入 admin，在 Password 文本框中输入 admin，然后单击 Sign In 按钮进行登录。成功登录后将进入 Airflow Webserver 的主页面，如图 1-8 所示。

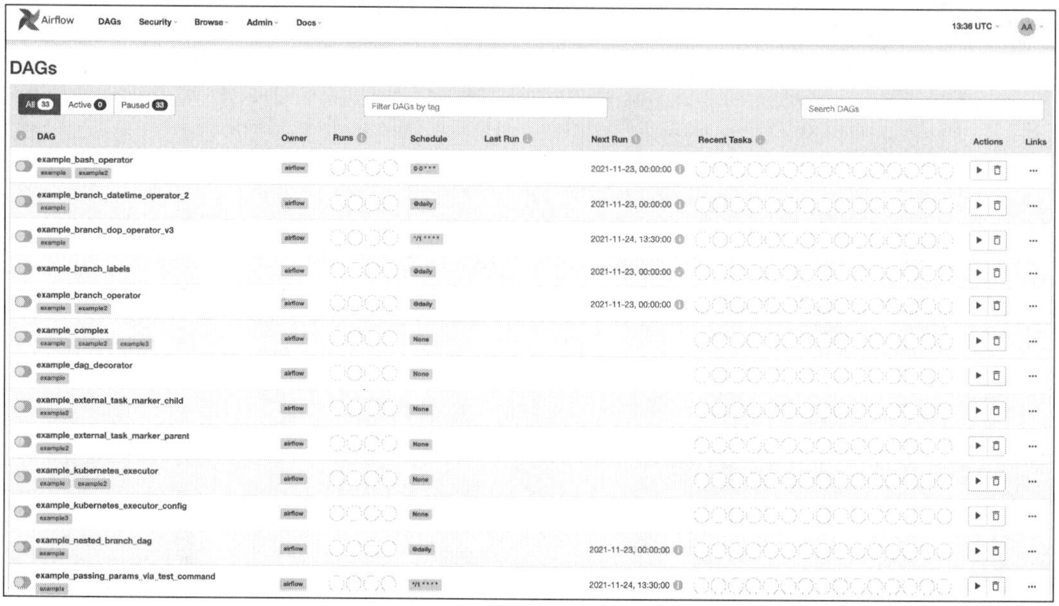

图 1-8　Airflow Webserver 的主页面

至此，Airflow 集群构建完毕。接下来我们通过一个示例介绍如何使用 Airflow 集群。

1.4　运行示例

在图 1-8 中，我们看到已经有了一些 DAG。这些都是 Airflow 官方提供的示例 DAG。因为 1.3 节在创建集群的时候设置了环境变量 AIRFLOW__CORE__LOAD_EXAMPLES 为 True，所以主页面中显示已经加载了示例 DAG。

现在尝试运行第一个示例 DAG——example_bash_operator，以此来验证 Airflow 集群是否可以正常工作。单击 DAG 左侧的激活按钮来激活这个 DAG，如图 1-9 所示。

图 1-9　激活 DAG

如果 Airflow 集群的状态正常，此时 example_bash_operator 开始运行。一段时间之后可以看到 example_bash_operator 已经成功运行了一轮，如图 1-10 所示。

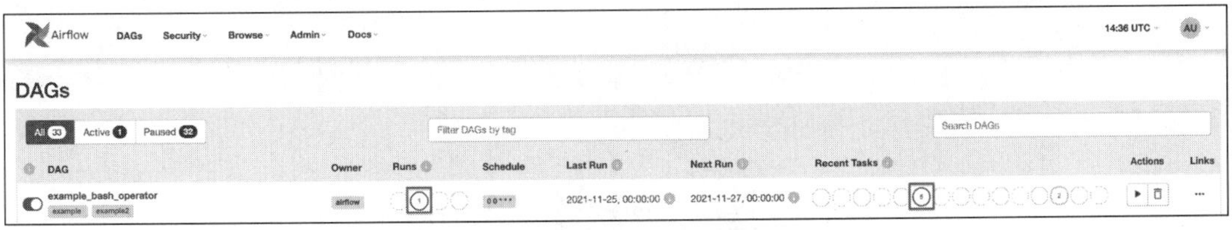

图 1-10　成功运行 DAG

1.5　本章小结

本章致力于让读者快速拥有一个能够运行本书中绝大多数示例代码的 Airflow 集群。因为本章介绍的集群中的 Airflow 组件直接利用了 Airflow 官方的镜像，所以没有涉及 Airflow 的安装过程。如果对 Airflow 的安装感兴趣，请参考第 2 章的内容。另外，值得注意的是，本章介绍的只是一个功能性集群，建议用来学习 Airflow 或者用于开发和测试环境。如果需要在生产环境部署 Airflow 集群，请参考第 3 章的内容。

第 2 章　安装 Airflow

根据环境的不同，Airflow 的安装方法分为两种。在非容器化环境中，即在物理机或者虚拟机的环境中，安装 Airflow 的方法是基于源代码或者 PyPI（The Python Package Index，Python 官方的软件包索引）进行安装。这是传统意义上的软件安装方法。随着容器化技术的流行，软件的安装和部署发生了极大的变化。传统的软件安装方法变成镜像的制作，传统的软件部署变成了容器的编排。具体到 Airflow，在容器化环境（以 Docker 为代表）中，安装 Airflow 即意味着制作 Airflow 的镜像。如果没有特殊的需求，用户一般无须从零开始制作 Airflow 的镜像，因为 Airflow 官方提供了镜像。直接使用官方的镜像或者基于官方的镜像制作扩展镜像，能满足大多数的使用场景。

本章的内容分为两部分。
- 在非容器化环境中基于 PyPI 安装 Airflow。
- 在容器化环境中扩展 Airflow 官方的镜像。

2.1　在非容器化环境中基于 PyPI 安装 Airflow

本节将详细介绍基于 PyPI 安装 Airflow 的方法。在安装之前，需要做一些准备工作（见 2.1.1 节）。这部分工作的内容根据操作系统的不同而有所不同。受限于篇幅，本节仅介绍了 Ubuntu 20.04 操作系统上的准备工作。在准备工作完成后，安装 Airflow 的过程（见 2.1.2 节）与升级 Airflow 的过程（见 2.1.3 节）全部由 Python 命令完成，与操作系统无关。

2.1.1　准备工作

首先安装必要的系统依赖。在 Ubuntu 20.04 操作系统中，安装依赖的命令如下：

```
sudo apt-get install -y --no-install-recommends \
    freetds-bin \
    krb5-user \
```

```
            ldap-utils \
            libffi7 \
            libsasl2-2 \
            libsasl2-modules \
            libssl1.1 \
            locales \
            lsb-release \
            sasl2-bin \
            sqlite3 \
            unixodbc
```

如果在其他版本的 Ubuntu 操作系统中，那么部分依赖的版本可能有变化。比如在更低版本的 Ubuntu 操作系统中，可能需要把 libffi7 换成 libffi6。如果是在其他的 Linux 发行版中，可以参考上面列出的依赖用对应的包管理软件进行安装。

因为 Airflow 是基于 Python 开发的，所以在正式安装 Airflow 之前，还需要保证操作系统包含 Python3 的环境以及 Python 的包管理工具 PIP。在 Ubuntu 操作系统中安装 Python3 的命令如下：

```
apt-get install python3
```

推荐使用的 Python 版本号为 3.7 ~ 3.10。

在 Ubuntu 操作系统中安装 PIP 的命令如下：

```
apt-get install python3-pip
```

2.1.2　安装 Airflow

在完成准备工作之后，可以用 PIP 命令安装 Airflow。这一步涉及两个概念，分别是 Constraints 文件和 Airflow 扩展包。

Constraints 文件是 PIP 中的概念。在用 PIP 安装 Python 包的时候，如果这个 Python 包有依赖，可以用 Constraints 文件来约定依赖的包的版本。Constraints 文件的好处是显而易见的，它能防止我们要安装的包因为依赖的版本太高或太低而不能正常工作。在 PIP 命令中可以通过 --constraint 参数指定 Constraints 文件的地址。

由于 Airflow 有众多的依赖，依赖的版本管理相对复杂，因此官方提供了经过严格测试的 Constraints 文件，以确保按照该文件安装的 Airflow 能正常工作。所以，在安装 Airflow 的时候一定要指定 Constraints 文件。Constraints 文件的地址由 Airflow 版本和 Python 版本一同决定，也就是说，对于任意版本的 Airflow 和 Python 组合，Constraints 文件都是唯一的。下面的命令指定了一个 Constraints 文件来安装 Airflow 的核心包：

```
01  AIRFLOW_VERSION=2.2.4
02  PYTHON_VERSION="$(python3 --version | cut -d " " -f 2 | cut -d "." -f 1-2)"
03  CONSTRAINT_URL="https://raw.githubusercontent.com/apache/airflow/constraints-${AIRFLOW_VERSION}/constraints-${PYTHON_VERSION}.txt"
04  pip install "apache-airflow==${AIRFLOW_VERSION}" --constraint "${CONSTRAINT_URL}"
```

命令分为 4 行。01 行设置环境变量 AIRFLOW_VERSION 为 2.2.4，这是我们将要安装的 Airflow 版本。02 行设置环境变量 PYTHON_VERSION 为当前环境安装的 Python 的版本。03 行设置环境变量 CONSTRAINT_URL，它的取值是由环境变量 AIRFLOW_VERSION 和 PYTHON_VERSION 共同决定的。04 行是真正的 PIP 安装命令，用 "apache-airflow==${AIRFLOW_VERSION}" 指定要安装的 Airflow 版本为环境变量 AIRFLOW_VERSION 的值，用 --constraint "${CONSTRAINT_URL}" 指定要使用 Constraints 文件，文件的地址由环境变量 CONSTRAINT_URL 决定。

除了核心功能以外，Airflow 还包含各种各样的扩展包，扩展包的安装和升级独立于 Airflow 的核心包。所以，我们既可以在安装或升级 Airflow 核心包的时候顺便安装或升级扩展包，也可以随后单独安装或升级扩展包。下面的命令除了安装核心包之外，还安装了 postgres、google 以及 async 扩展包：

```
AIRFLOW_VERSION=2.2.4
PYTHON_VERSION="$(python3 --version | cut -d " " -f 2 | cut -d "." -f 1-2)"
CONSTRAINT_URL="https://raw.githubusercontent.com/apache/airflow/constraints-${AIRFLOW_VERSION}/constraints-${PYTHON_VERSION}.txt"
pip install "apache-airflow[async,postgres,google]==${AIRFLOW_VERSION}" --constraint "${CONSTRAINT_URL}"
```

下面的命令单独安装了 google 的 provider：

```
pip install "apache-airflow-providers-google" --constraint "${CONSTRAINT_URL}"
```

注意，这里省略了 Constraints 文件的拼接过程。

2.1.3 升级 Airflow

周期性升级 Airflow 是一个好习惯。通过升级能够获得 Airflow 官方提供的最新功能和补丁。前者能丰富用户体验，后者对提升集群的稳定性和安全性大有裨益。

PIP 命令既可以安装 Airflow，也可以升级 Airflow。与安装的过程相同，这一步依然要考虑 Constraints 文件和扩展包。

下面的命令升级了 Airflow 的核心包以及 postgres 和 google 扩展包：

```
AIRFLOW_VERSION=2.2.4
pip install --upgrade "apache-airflow[postgres,google]==${AIRFLOW_VERSION}"
--constraint "${CONSTRAINT_URL}"
```

下面的命令单独升级了 google 的 provider：

```
pip install --upgrade "apache-airflow-providers-google" --constraint "${CONSTRAINT_URL}"
```

2.2 在容器化环境中扩展 Airflow 官方的镜像

在容器化环境中，软件以镜像的形式交付用户。Airflow 官方提供的镜像已经包含 Airflow 的核心包和少量的扩展包。如果官方的镜像已经满足了要求，建议直接使用。如果官方的镜像不能满足要求，那么可以基于官方的镜像进行扩展，定制自己的 Airflow 镜像。

下面的 Dockerfile 基于官方 2.2.4 版本的 Airflow 镜像，使用 APT 安装 vim 软件：

```
FROM apache/airflow:2.2.4
USER root
RUN apt-get update \
  && apt-get install -y --no-install-recommends \
       vim \
  && apt-get autoremove -yqq --purge \
  && apt-get clean \
  && rm -rf /var/lib/apt/lists/*
USER airflow
```

Airflow 的官方镜像中默认的用户是 airflow，但是因为 APT 操作需要 root 权限，所以必须在 Dockerfile 中先切换成 root 用户，最后再切换回 airflow 用户。

下面的 Dockerfile 基于官方 2.2.4 版本的 Airflow 镜像，使用 PIP 安装 lxml 软件：

```
FROM apache/airflow:2.2.4
RUN pip install --no-cache-dir lxml
```

由于 PIP 命令是不需要 root 权限的，因此这个示例不必在 Dockerfile 中切换用户。

2.3 本章小结

本章分别讲解了如何在非容器化环境中基于 PyPI 安装 Airflow 和在容器化环境中扩展 Airflow 官方的镜像。当然，想要拥有一个 Airflow 集群，安装仅仅是第一步，随后的第 3 章将会完整呈现部署集群的步骤。

第 3 章　部署 Airflow 集群

谈到 Airflow 的部署，首先要考虑的是 Executor。Executor 是 Airflow 中负责运行 Task（任务）的模块。Airflow 内置的 Local Executor 仅适用于测试和开发环境，而在生产环境中部署时一般会选用某种 Remote Executor。Remote Executor 使用其他的软件作为后端，它负责把 Task 提交到后端，然后由后端来运行 Task。比如，Celery Executor 会把 Task 提交到 Celery（基于 Python 的分布式异步消息任务队列）集群后再运行。Remote Executor 包括 Celery Executor、Kubernetes Executor、CeleryKubernetes Executor 和 Dask Executor。

本章将分别介绍 Airflow 在非容器化生产环境中和容器化生产环境中的部署方式。其中，针对非容器化生产环境将介绍两种部署方案——基于 Celery Executor 的部署和基于 Dask Executor 的部署。针对容器化生产环境将介绍 3 种部署方案——基于 Celery Executor 的部署、基于 Kubernetes Executor 的部署和基于 CeleryKubernetes Executor 的部署。

3.1　在非容器化生产环境中部署 Airflow

在非容器化生产环境中部署 Airflow，Executor 有两种选择——Celery Executor 和 Dask Executor。前者将 Celery 集群作为运行 Task 的后端，后者将 Dask（基于 Python 的分布式计算库）集群作为运行 Task 的后端。

3.1.1　基于 Celery Executor 的部署

1. 总览

图 3-1 列出了基于 Celery Executor 的部署方案的 Airflow 组件。

无论是什么样的部署方案，Airflow 的 Webserver 和 Scheduler 都是必不可少的，它们是 Airflow 的核心组件。Webserver 提供了 UI 以及 REST API 功能，Scheduler 负责解析 DAG 文件、调度 DAG 以及提交 Task。Worker 和 Flower 是 Celery 的组件。其中，Worker 是真正运

行 Task 的单元，而 Flower 是 Celery 的监控工具。

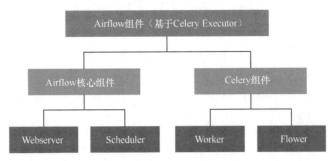

图 3-1　Airflow 组件（基于 Celery Executor）

除了上述组件之外，还需要 Redis 和 MySQL 作为外部依赖。其中，Redis 作为 Celery 的 Broker（Broker 是 Celery 架构中进行消息传递的中间件，一般使用 Redis/RabbitMQ 等）。MySQL 同时扮演 Airflow 的元数据库和 Celery 的 Result Backend（Result Backend 是 Celery 架构中负责存储任务运行状态和结果的组件，常用的关系型数据库软件都可以作为 Result Backend）角色。

如果独立部署 Airflow 的组件，即每个组件独占一台机器，那么包含一个 Webserver、一个 Scheduler、一个 Flower 以及两个 Worker 的集群部署方案示例如图 3-2 所示。

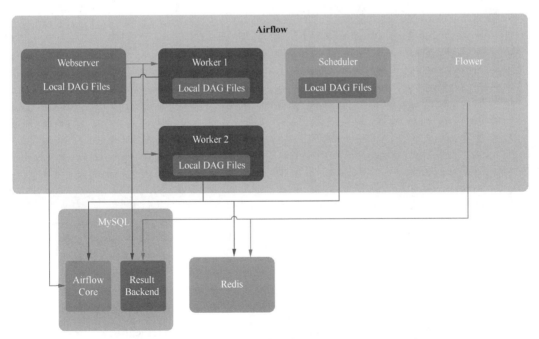

图 3-2　Airflow 集群部署方案示例（基于 Celery Executor）

在图 3-2 中，Airflow 的组件包括 Webserver、Scheduler、Worker 和 Flower。外部依赖包括 MySQL 和 Redis。MySQL 中的表分为两部分：一部分表属于 Airflow 的核心表；另一部分表是 Celery 的 Result Backend 定义的表。Redis 作为 Celery 的 Broker 使用。

图 3-2 中用带箭头的实线标注了组件间的通信状况。如果两个组件之间存在一条实线，就代表其中一个组件要访问另外一个组件。Webserver 需要访问 MySQL 中的 Airflow 核心表，还需要访问每一个单独的 Worker。Worker 和 Scheduler 既需要访问 MySQL 中的 Airflow 核心表，又需要访问 MySQL 中 Celery 的 Result Backend 表，同时，它们还要访问 Redis。Flower 是 Celery 的监控工具，它需要访问 MySQL 中 Celery 的 Result Backend 表和 Redis。

Webserver、Scheduler 和 Worker 都需要访问 DAG 文件。为简单起见，我们把同一份 DAG 文件的副本分别放到 Webserver、Scheduler 和 Worker 的本地文件系统中。

2. 安装和部署

准备 5 台操作系统为 Ubuntu 20.04 的机器，编号为 A1 ~ A5。参照图 3-2，A1 机器运行 Webserver，A2 机器运行 Worker 1，A3 机器运行 Worker 2，A4 机器运行 Scheduler，A5 机器运行 Flower。

按照下面的步骤进行 Airflow 的安装和部署。

步骤 1 在每一台机器上都安装 Airflow。

首先安装必要的系统依赖，命令如下：

```
sudo apt-get install -y --no-install-recommends \
        freetds-bin \
        krb5-user \
        ldap-utils \
        libffi7 \
        libsasl2-2 \
        libsasl2-modules \
        libssl1.1 \
        locales \
        lsb-release \
        sasl2-bin \
        sqlite3 \
        unixodbc \
        build-essential \
        default-libmysqlclient-dev \
        python3-dev
```

相较于 2.1.1 节，这里多出了 build-essential、default-libmysqlclient-dev 和 python3-dev 3 个依赖。它们是后面要安装的 Airflow 的 mysql 扩展包所依赖的。

接下来正式安装 Airflow，命令如下：

```
AIRFLOW_VERSION=2.2.4
PYTHON_VERSION="$(python3 --version | cut -d " " -f 2 | cut -d "." -f 1-2)"
CONSTRAINT_URL="https://raw.githubusercontent.com/apache/airflow/constraints-${AIRFLOW_VERSION}/constraints-${PYTHON_VERSION}.txt"
    pip install "apache-airflow[celery,password,redis,mysql]==${AIRFLOW_VERSION}" --constraint "${CONSTRAINT_URL}"
```

除了安装 Airflow 的核心包之外，上述命令还安装了几个扩展包——celery、password、redis 和 mysql。安装 celery 扩展包无须多言。之所以安装 password 扩展包，是因为它提供了 Password 的认证功能，能满足基本的安全需求。而安装 redis 和 mysql 扩展包则是为了连接 Redis 和 MySQL。

步骤 2　在每一台机器上都配置环境变量。

环境变量的第一个作用是将 Redis 和 MySQL 的连接信息告诉 Airflow。

假设 MySQL 的连接信息如表 3-1 所示。

表 3-1　MySQL 的连接信息

主机名	端口	数据库名	用户名	密码
mysql.db.com	3306	mdb	muser	mpass

假设 Redis 的连接信息如表 3-2 所示。

表 3-2　Redis 的连接信息

主机名	端口	数据库编号	密码
redis.db.com	6379	0	rpass

那么，可以通过执行下面的 export 命令来配置相关环境变量：

```
export AIRFLOW__CORE__SQL_ALCHEMY_CONN="mysql://muser:mpass@mysql.db.com:3306/mdb"
export AIRFLOW__CELERY__BROKER_URL="redis://:rpass@redis.db.com:6379/0"
export AIRFLOW__CELERY__RESULT_BACKEND="db+mysql://muser:mpass@mysql.db.com:3306/mdb"
```

其中，AIRFLOW__CORE__SQL_ALCHEMY_CONN 代表 Airflow 的核心表所在的数据库，AIRFLOW__CELERY__RESULT_BACKEND 代表 Celery 的 Result Backend 表所在的数据库，这两个数据库不必是同一个，这里使用同一个数据库仅仅是为了方便。AIRFLOW__CELERY__BROKER_URL 代表 Celery 的 Broker，因为我们选择了 Redis 作为 Celery 的 Broker，所以这个环境变量配置的是 Redis 的连接信息。

环境变量的第二个作用是指定 Airflow 配置文件的路径。涉及的环境变量是 AIRFLOW_

HOME，配置的命令如下：

```
export AIRFLOW_HOME=~
```

步骤 3 首先在 A5 机器上创建 logs 目录，命令如下：

```
mkdir /mnt/logs
```

然后在其他 4 台机器上创建 dags、plugins 以及 logs 目录，命令如下：

```
mkdir /mnt/dags
mkdir /mnt/plugins
mkdir /mnt/logs
```

步骤 4 在每台机器的 ~ 目录下创建 airflow.cfg 文件，并在文件中添加以下内容：

```
[core]
dags_folder = /mnt/dags
plugins_folder = /mnt/plugins
executor = CeleryExecutor
load_default_connections = False
load_examples = False
fernet_key = qCL4AyFVVGItdaeR5LeqOmx1JschJx6Ab_3xGV9blt8=

[api]
auth_backend = airflow.api.auth.backend.basic_auth

[webserver]
secret_key = 6e6327e8c16c28ec3424615561d160d0

[scheduler]
child_process_log_directory = /mnt/logs/scheduler
catchup_by_default = False

[logging]
base_log_folder = /mnt/logs
dag_processor_manager_log_location = /mnt/logs/dag_processor_manager/dag_processor_manager.log
```

配置文件中各个配置项的含义如下。

- ❑ [core] 部分的 dags_folder：表示 dags 目录，对应**步骤 3** 创建的 /mnt/dags 目录。
- ❑ [core] 部分的 plugins_folder：表示 plugins 目录，对应**步骤 3** 创建的 /mnt/plugins 目录。
- ❑ [core] 部分的 executor：表示使用何种 Executor。很显然，这里配置成 CeleryExecutor。
- ❑ [core] 部分的 load_default_connections：表示是否加载默认的 Connection，在生产环境中一般配置成 False。

- [core] 部分的 load_examples：表示是否加载默认的示例 DAG，在生产环境中一般配置成 False。
- [core] 部分的 fernet_key：表示密钥，Airflow 使用 fernet key 加密 Variable/Connection 中的敏感信息。如果不希望使用本章提供的 fernet key，请根据 7.2 节的内容来生成自己的 fernet key，以替换上面配置文件中的同名项。
- [api] 部分的 auth_backend：表示 REST API 采用何种认证方式，airflow.api.auth.backend.basic_auth 的含义是使用 Basic Authentication。
- [webserver] 部分的 secret_key：表示 Flask 应用的 secret key，Airflow 的 Webserver 基于 Flask 框架开发，Flask 要求应用提供一个 secret key 用于 Session 加密。如果不希望使用本章提供的 secret key，请根据 7.2 节的内容来生成自己的 secret key，以替换上面配置文件中的同名项。
- [scheduler] 部分的 child_process_log_directory：表示供 DagFileProcessorProcess 使用的 log 文件目录。DagFileProcessorProcess 负责解析单个的 DAG 文件。
- [scheduler] 部分的 catchup_by_default：表示控制 catchup 功能的开关，配置成 False 表示在全局关闭 catchup。关于 catchup，请查阅 4.3 节的内容。
- [logging] 部分的 base_log_folder：表示 logs 目录，对应**步骤 3** 创建的 /mnt/logs 目录。
- [logging] 部分的 dag_processor_manager_log_location：表示供 DagFileProcessorManager 使用的 log 文件地址。DagFileProcessorManager 是 Scheduler 的一个模块，负责从 DAG 文件解析出 DAG 对象。DagFileProcessorManager 会为每一个 DAG 文件创建一个专门的 DagFileProcessorProcess 用来进行处理。

步骤 5 登录任意一台机器，用下面的命令在数据库中创建 Airflow 相关的表：

```
airflow db init
```

步骤 6 登录任意一台机器，用下面的命令创建 Admin 用户：

```
airflow users create --role Admin --username auser --password apass --firstname fname --lastname lname --email someone@somemail.com
```

步骤 7 依次启动 Airflow 的各个组件。

在 A1 机器中执行下面的命令以启动 Webserver：

```
airflow webserver
```

在 A2、A3 机器中执行下面的命令以启动 Worker：

```
airflow celery worker
```

在 A4 机器中执行下面的命令以启动 Scheduler：

```
airflow scheduler
```

在 A5 机器中执行下面的命令以启动 Flower:

```
airflow celery flower
```

3. 验证

在完成全部步骤后,打开浏览器,访问 Webserver 的地址(端口号 8080),在 Username 文本框中输入 auser,在 Password 文本框中输入 apass,然后单击 Sign In 按钮进行登录。成功登录后进入 Airflow Webserver 的主页面,如图 3-3 所示。

图 3-3 Airflow Webserver 的主页面

因为这里选择将 Airflow 配置文件中 [core] 部分的 load_examples 配置项配置成 False,所以没有加载 Airflow 内置的示例 DAG。为了验证集群的可用性,需要自己写一个 DAG 进行测试。创建一个文件,命名为 verify_cluster.py,文件的内容如代码清单 3-1 所示。

代码清单 3-1 验证集群可用性的测试 DAG

```python
from airflow import DAG
from airflow.operators.bash_operator import BashOperator
from datetime import datetime, timedelta

default_args = {
    'owner': 'airflow',
    'start_date': datetime(2020, 1, 1),
}

dag = DAG(
    'verify_cluster',
    default_args=default_args,
    schedule_interval=timedelta(days=1))

t1 = BashOperator(
```

```
    task_id='run_this_first',
    bash_command='echo 1',
    dag=dag)

t2 = BashOperator(
    task_id='run_this_last',
    bash_command='echo 2',
    dag=dag)

t2.set_upstream(t1)
```

再将文件复制到 A1、A2、A3、A4 机器的 /mnt/dags 目录下。等待 5 min，然后刷新页面，Webserver 的主页面会出现名为 verify_cluster 的 DAG。单击 DAG 左侧的激活按钮来激活这个 DAG，如图 3-4 所示。

图 3-4　激活 DAG

如果集群的状态正常，此时 verify_cluster 开始运行，一段时间之后可以看到 verify_cluster 已经成功运行了一轮，如图 3-5 所示。

图 3-5　成功运行 DAG

3.1.2　基于 Dask Executor 的部署

1. 总览

图 3-6 列出了基于 Dask Executor 的部署方案的 Airflow 组件。

除了 Airflow 的 Webserver 和 Scheduler 以外，还需要 Dask 的 Worker 和 Scheduler，前者是真正运行 Task 的单元，后者是 Dask 的调度单元。为了区分 Airflow 的 Scheduler 和 Dask 的

Scheduler，在接下来的内容中，我们约定 Scheduler 专指 Airflow 的 Scheduler，用 Scheduler（Dask）指代 Dask 的 Scheduler。

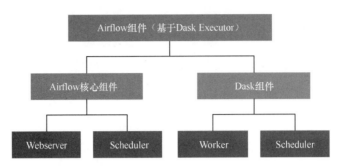

图 3-6　Airflow 组件（基于 Dask Executor）

另外，我们用外部的 MySQL 作为 Airflow 的元数据库。

如果独立部署 Webserver 和两个 Worker，即每个组件独占一台机器，再将 Scheduler 和 Scheduler（Dask）部署在同一台机器上，那么包含一个 Webserver、一个 Scheduler、一个 Scheduler（Dask）以及两个 Worker 的集群部署方案如图 3-7 所示。

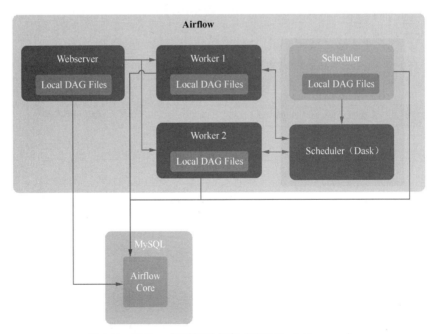

图 3-7　Airflow 集群部署方案（基于 Dask Executor）

在图 3-7 中，Airflow 的组件包括 Webserver、Scheduler、Scheduler（Dask）和 Worker。外部依赖包括 MySQL。MySQL 中的表属于 Airflow 的核心表。

在图 3-7 中，Webserver 需要访问 MySQL 中的 Airflow 核心表，还需要访问每一个单独的 Worker。Worker 和 Scheduler 需要访问 MySQL 中的 Airflow 核心表。Scheduler 需要访问 Scheduler（Dask）以提交 Task。Worker 需要向 Scheduler（Dask）注册自己。Scheduler（Dask）也要访问 Worker，从而派发 Task。

2. 安装和部署

准备 4 台操作系统为 Ubuntu 20.04 的机器，编号为 A1～A4。参照图 3-7，A1 机器运行 Webserver，A2 机器运行 Worker 1，A3 机器运行 Worker 2，A4 机器运行 Scheduler 和 Scheduler（Dask）。

按照下面的步骤进行 Airflow 的安装和部署。

步骤 1　在每一台机器上都安装 Airflow。

首先参考 3.1.1 节中的命令安装必要的系统依赖。

接下来正式安装 Airflow，命令如下：

```
AIRFLOW_VERSION=2.2.4
PYTHON_VERSION="$(python3 --version | cut -d " " -f 2 | cut -d "." -f 1-2)"
CONSTRAINT_URL="https://raw.githubusercontent.com/apache/airflow/constraints-${AIRFLOW_VERSION}/constraints-${PYTHON_VERSION}.txt"
pip install "apache-airflow[dask,password,mysql]==${AIRFLOW_VERSION}" --constraint "${CONSTRAINT_URL}"
```

除了安装 Airflow 的核心包之外，上述命令还安装了几个扩展包——dask、password 和 mysql。安装 dask 扩展包无须多言。之所以安装 password 扩展包，是因为它提供了 Password 的认证功能，能满足基本的安全需求。而安装 mysql 扩展包则是为了连接 MySQL。

步骤 2　在 A2~A4 机器上安装 Dask。

使用下面的命令安装 Dask：

```
pip install dask[complete]
```

步骤 3　在每一台机器上都配置环境变量。

环境变量的第一个作用是将 MySQL 的连接信息告诉 Airflow。

假设 MySQL 的连接信息如表 3-1 所示（见第 19 页）。

那么，可以通过执行下面的 export 命令来配置相关环境变量：

```
export AIRFLOW__CORE__SQL_ALCHEMY_CONN="mysql://muser:mpass@mysql.db.com:3306/mdb"
```

其中，AIRFLOW__CORE__SQL_ALCHEMY_CONN 代表 Airflow 的核心表所在的数据库。

环境变量的第二个作用是指定 Airflow 配置文件的路径。涉及的环境变量是 AIRFLOW_HOME，配置的命令如下：

```
export AIRFLOW_HOME=~
```

步骤 4　在每台机器上都创建 dags、plugins 以及 logs 目录，命令如下：

```
mkdir /mnt/dags
mkdir /mnt/plugins
mkdir /mnt/logs
```

步骤 5　在每台机器的 ~ 目录下创建 airflow.cfg 文件，并在文件中添加以下内容：

```
[core]
dags_folder = /mnt/dags
plugins_folder = /mnt/plugins
executor = DaskExecutor
load_default_connections = False
load_examples = False
fernet_key = qCL4AyFVVGItdaeR5LeqOmx1JschJx6Ab_3xGV9blt8=

[api]
auth_backend = airflow.api.auth.backend.basic_auth

[webserver]
secret_key = 6e6327e8c16c28ec3424615561d160d0

[scheduler]
child_process_log_directory = /mnt/logs/scheduler
catchup_by_default = False

[logging]
base_log_folder = /mnt/logs
dag_processor_manager_log_location = /mnt/logs/dag_processor_manager/dag_processor_manager.log

[dask]
cluster_address = 192.168.3.12:8786
```

配置文件中各个配置项的含义如下。

❑ [core] 部分的 dags_folder：表示 dags 目录，对应**步骤 4** 创建的 /mnt/dags 目录。

❑ [core] 部分的 plugins_folder：表示 plugins 目录，对应**步骤 4** 创建的 /mnt/plugins 目录。

- [core] 部分的 executor：表示使用何种 Executor。很显然，这里配置成 DaskExecutor。
- [core] 部分的 load_default_connections：表示是否加载默认的 Connection。
- [core] 部分的 load_examples：表示是否加载默认的示例 DAG。
- [core] 部分的 fernet_key：表示密钥。
- [api] 部分的 auth_backend：表示 REST API 采用何种认证方式。
- [webserver] 部分的 secret_key：表示 Flask 应用的 secret key。
- [scheduler] 部分的 child_process_log_directory：表示供 DagFileProcessorProcess 使用的 log 文件目录。
- [scheduler] 部分的 catchup_by_default：表示控制 catchup 功能的开关。
- [logging] 部分的 base_log_folder：表示 logs 目录，对应**步骤 4** 创建的 /mnt/logs 目录。
- [logging] 部分的 dag_processor_manager_log_location：表示供 DagFileProcessorManager 使用的 log 文件地址。
- [dask] 部分的 cluster_address：表示 Scheduler（Dask）的响应地址。由于后面的**步骤 8** 会在 A4 机器上启动 Scheduler（Dask）并且监听端口 8786，因此 cluster_address 配成 A4 机器对外的 IP 地址加上冒号和 8786。

步骤 6 登录任意一台机器，用下面的命令在数据库中创建 Airflow 相关的表：

```
airflow db init
```

步骤 7 登录任意一台机器，用下面的命令创建 Admin 用户：

```
airflow users create --role Admin --username auser --password apass --firstname fname --lastname lname --email someone@somemail.com
```

步骤 8 依次启动 Scheduler（Dask）和 Worker。

在 A4 机器中执行下面的命令以启动 Scheduler（Dask）（假设 A4 机器对外的 IP 地址为 192.168.3.12）：

```
DASK_HOST=192.168.3.12
DASK_PORT=8786
dask-scheduler --host $DASK_HOST --port $DASK_PORT
```

在 A2、A3 机器中执行下面的命令以启动 Worker：

```
DASK_HOST=192.168.3.12
DASK_PORT=8786
dask-worker $DASK_HOST:$DASK_PORT
```

步骤 9 依次启动 Airflow 的 Webserver 和 Scheduler。

在 A1 机器中执行下面的命令以启动 Webserver：

```
airflow webserver
```

在 A4 机器中执行下面的命令以启动 Scheduler：

```
airflow scheduler
```

3. 验证

这里的验证方法与 3.1.1 节类似，不再赘述。

3.2　在容器化生产环境中部署 Airflow

在容器化生产环境中部署 Airflow，使用官方提供的 Helm chart 是非常便利的。与第 1 章不同的是，这里不再依赖 kind 创建本地的 Kubernetes 集群，而是假设已经存在一个生产用的 Kubernetes 集群。

在正式安装之前，首先使用下面的命令添加 Airflow 的 Helm chart 仓库：

```
helm repo add apache-airflow https://airflow.apache.org
helm repo update
```

3.2.1　基于 Celery Executor 的部署

1. 安装和部署

按照下面的步骤进行 Airflow 的安装和部署。

步骤 1　运行下面的命令，生成 Helm chart 默认的配置文件：

```
helm show values apache-airflow/airflow > values.yaml
```

步骤 2　用编辑器打开 values.yaml 文件，定位到 values.yaml 中与 airflow.cfg 有关的配置。这部分内容如代码清单 3-2 所示。

代码清单 3-2　Airflow 的 Helm chart 配置文件中与 airflow.cfg 有关的配置

```
config:
  core:
    dags_folder: '{{ include "airflow_dags" . }}'
    # This is ignored when used with the official Docker image
    load_examples: 'False'
    executor: '{{ .Values.executor }}'
    # For Airflow 1.10, backward compatibility; moved to [logging] in 2.0
    colored_console_log: 'False'
    remote_logging: '{{- ternary "True" "False" .Values.elasticsearch.enabled }}'
  logging:
    remote_logging: '{{- ternary "True" "False" .Values.elasticsearch.enabled }}'
```

```yaml
      colored_console_log: 'False'
    metrics:
      statsd_on: '{{ ternary "True" "False" .Values.statsd.enabled }}'
      statsd_port: 9125
      statsd_prefix: airflow
      statsd_host: '{{ printf "%s-statsd" .Release.Name }}'
    webserver:
      enable_proxy_fix: 'True'
      # For Airflow 1.10
      rbac: 'True'
    celery:
      worker_concurrency: 16
    scheduler:
      # statsd params included for Airflow 1.10 backward compatibility; moved to
[metrics] in 2.0
      statsd_on: '{{ ternary "True" "False" .Values.statsd.enabled }}'
      statsd_port: 9125
      statsd_prefix: airflow
      statsd_host: '{{ printf "%s-statsd" .Release.Name }}'
      # `run_duration` included for Airflow 1.10 backward compatibility; removed in 2.0.
      run_duration: 41460
    elasticsearch:
      json_format: 'True'
      log_id_template: "{dag_id}_{task_id}_{execution_date}_{try_number}"
    elasticsearch_configs:
      max_retries: 3
      timeout: 30
      retry_timeout: 'True'
    kerberos:
      keytab: '{{ .Values.kerberos.keytabPath }}'
      reinit_frequency: '{{ .Values.kerberos.reinitFrequency }}'
      principal: '{{ .Values.kerberos.principal }}'
      ccache: '{{ .Values.kerberos.ccacheMountPath }}/{{ .Values.kerberos.ccacheFileName }}'
    celery_kubernetes_executor:
      kubernetes_queue: 'kubernetes'
    kubernetes:
      namespace: '{{ .Release.Namespace }}'
      airflow_configmap: '{{ include "airflow_config" . }}'
      airflow_local_settings_configmap: '{{ include "airflow_config" . }}'
      pod_template_file: '{{ include "airflow_pod_template_file" . }}/pod_template_file.yaml'
```

```yaml
    worker_container_repository: '{{ .Values.images.airflow.repository | default.
Values.defaultAirflowRepository }}'
    worker_container_tag: '{{ .Values.images.airflow.tag | default .Values.
defaultAirflowTag }}'
    multi_namespace_mode: '{{ if .Values.multiNamespaceMode }}True{{ else }}False
{{ end }}'
```

后面在使用 Helm chart 部署 Airflow 时,代码清单 3-2 的内容会被渲染成 Airflow 的 airflow.cfg 文件。为了演示如何通过修改 values.yaml 文件来改变 airflow.cfg,在这里我们选择增加一个配置 catchup_by_default: 'False',意思是告诉 Airflow 关闭 catchup 功能。修改后如代码清单 3-3 所示。

代码清单 3-3　Airflow 的 Helm chart 配置文件中与 airflow.cfg 有关的配置(修改后)

```yaml
  config:
    core:
      dags_folder: '{{ include "airflow_dags" . }}'
      # This is ignored when used with the official Docker image
      load_examples: 'False'
      executor: '{{ .Values.executor }}'
      # For Airflow 1.10, backward compatibility; moved to [logging] in 2.0
      colored_console_log: 'False'
      remote_logging: '{{- ternary "True" "False" .Values.elasticsearch.enabled }}'
    logging:
      remote_logging: '{{- ternary "True" "False" .Values.elasticsearch.enabled }}'
      colored_console_log: 'False'
    metrics:
      statsd_on: '{{ ternary "True" "False" .Values.statsd.enabled }}'
      statsd_port: 9125
      statsd_prefix: airflow
      statsd_host: '{{ printf "%s-statsd" .Release.Name }}'
    webserver:
      enable_proxy_fix: 'True'
      # For Airflow 1.10
      rbac: 'True'
    celery:
      worker_concurrency: 16
    scheduler:
      # statsd params included for Airflow 1.10 backward compatibility; moved to
[metrics] in 2.0
      statsd_on: '{{ ternary "True" "False" .Values.statsd.enabled }}'
      statsd_port: 9125
      statsd_prefix: airflow
      statsd_host: '{{ printf "%s-statsd" .Release.Name }}'
```

```yaml
    # `run_duration` included for Airflow 1.10 backward compatibility; removed in 2.0.
    run_duration: 41460
    catchup_by_default: 'False'
  elasticsearch:
    json_format: 'True'
    log_id_template: "{dag_id}_{task_id}_{execution_date}_{try_number}"
  elasticsearch_configs:
    max_retries: 3
    timeout: 30
    retry_timeout: 'True'
  kerberos:
    keytab: '{{ .Values.kerberos.keytabPath }}'
    reinit_frequency: '{{ .Values.kerberos.reinitFrequency }}'
    principal: '{{ .Values.kerberos.principal }}'
    ccache: '{{ .Values.kerberos.ccacheMountPath }}/{{ .Values.kerberos.ccacheFileName }}'
  celery_kubernetes_executor:
    kubernetes_queue: 'kubernetes'
  kubernetes:
    namespace: '{{ .Release.Namespace }}'
    airflow_configmap: '{{ include "airflow_config" . }}'
    airflow_local_settings_configmap: '{{ include "airflow_config" . }}'
    pod_template_file: '{{ include "airflow_pod_template_file" . }}/pod_template_file.yaml'
    worker_container_repository: '{{ .Values.images.airflow.repository | default .Values.defaultAirflowRepository }}'
    worker_container_tag: '{{ .Values.images.airflow.tag | default .Values.defaultAirflowTag }}'
    multi_namespace_mode: '{{ if .Values.multiNamespaceMode }}True{{ else }}False{{ end }}'
```

步骤 3 用编辑器打开 values.yaml 文件，定位到 values.yaml 中与 fernet key 以及 secret key 有关的配置。这部分内容如代码清单 3-4 所示。

代码清单 3-4 Airflow 的 Helm chart 配置文件中与 fernet key 以及 secret key 有关的配置

```yaml
# Fernet key settings
# Note: fernetKey can only be set during install, not upgrade
fernetKey: ~
fernetKeySecretName: ~

# Flask secret key for Airflow Webserver: `[webserver] secret_key` in airflow.cfg
webserverSecretKey: ~
webserverSecretKeySecretName: ~
```

参考 7.2 节分别生成 fernet key 和 secret key，将 fernetKey 设置为 fernet key，将 webserver-

SecretKey 设置为 secret key。以笔者环境的 fernet key 和 secret key 为例，修改后如代码清单 3-5 所示。

代码清单 3-5　Airflow 的 Helm chart 配置文件中与 fernet key 以及 secret key 有关的配置（修改后）

```
# Fernet key settings
# Note: fernetKey can only be set during install, not upgrade
fernetKey: 'qCL4AyFVVGItdaeR5LeqOmx1JschJx6Ab_3xGV9blt8='
fernetKeySecretName: ~

# Flask secret key for Airflow Webserver: `[webserver] secret_key` in airflow.cfg
webserverSecretKey: '6e6327e8c16c28ec3424615561d160d0'
webserverSecretKeySecretName: ~
```

步骤 4　用编辑器打开 values.yaml 文件，定位到 values.yaml 中与 Git sync 有关的配置。这部分内容如代码清单 3-6 所示。

代码清单 3-6　Airflow 的 Helm chart 配置文件中与 Git sync 有关的配置

```
gitSync:
  enabled: false

  # git repo clone url
  # ssh examples ssh://git@github.com/apache/airflow.git
  # git@github.com:apache/airflow.git
  # https example: https://github.com/apache/airflow.git
  repo: https://github.com/apache/airflow.git
  branch: v2-2-stable
  rev: HEAD
  depth: 1
  # the number of consecutive failures allowed before aborting
  maxFailures: 0
  # subpath within the repo where dags are located
  # should be "" if dags are at repo root
  subPath: "tests/dags"
  # if your repo needs a user name password
  # you can load them to a k8s secret like the one below
  #   ---
  #   apiVersion: v1
  #   kind: Secret
  #   metadata:
  #     name: git-credentials
  #   data:
  #     GIT_SYNC_USERNAME: <base64_encoded_git_username>
  #     GIT_SYNC_PASSWORD: <base64_encoded_git_password>
```

```
# and specify the name of the secret below
#
# credentialsSecret: git-credentials
#
#
# If you are using an ssh clone url, you can load
# the ssh private key to a k8s secret like the one below
#    ---
#    apiVersion: v1
#    kind: Secret
#    metadata:
#      name: airflow-ssh-secret
#    data:
#      # key needs to be gitSshKey
#      gitSshKey: <base64_encoded_data>
# and specify the name of the secret below
# sshKeySecret: airflow-ssh-secret
#
# If you are using an ssh private key, you can additionally
# specify the content of your known_hosts file, example:
#
# knownHosts: |
#    <host1>,<ip1> <key1>
#    <host2>,<ip2> <key2>
# interval between git sync attempts in seconds
wait: 60
containerName: git-sync
uid: 65533

# When not set, the values defined in the global securityContext will be used
securityContext: {}
#   runAsUser: 65533
#   runAsGroup: 0

extraVolumeMounts: []
env: []
resources: {}
#   limits:
#     cpu: 100m
#     memory: 128Mi
#   requests:
#     cpu: 100m
#     memory: 128Mi
```

在 Airflow 的 Helm chart 中 Git sync 模块的作用是拉取远端 Git 仓库中的 DAG 文件。很

显然，我们需要提供 Git 仓库的地址、DAG 文件在仓库中的相对位置、仓库的认证方式等信息。在这里笔者以自己的仓库为例演示一下如何修改上述配置。

首先将 enabled 改为 true，打开 Git sync 功能；其次将 repo 改为 Git 仓库的地址，笔者的仓库地址为 https://github.com/vzpc/airflow-dags.git；然后将 branch 设置为 Git 仓库的分支，笔者使用的是 main 分支；最后指定 subPath 为 DAG 文件所在的相对路径，笔者的 DAG 文件放在 Git 仓库的根目录，因此 subPath 设置为 ""。

 注意

笔者的仓库是公开的，没有认证的必要。如果某个 Git 仓库需要认证，请根据认证的方式对应地修改 Git sync 部分的配置。

修改完成后如代码清单 3-7 所示。

代码清单 3-7　Airflow 的 Helm chart 配置文件中与 Git sync 有关的配置（修改后）

```yaml
gitSync:
  enabled: true

  # git repo clone url
  # ssh examples ssh://git@github.com/apache/airflow.git
  # git@github.com:apache/airflow.git
  # https example: https://github.com/apache/airflow.git
  repo: https://github.com/vzpc/airflow-dags.git
  branch: main
  rev: HEAD
  depth: 1
  # the number of consecutive failures allowed before aborting
  maxFailures: 0
  # subpath within the repo where dags are located
  # should be "" if dags are at repo root
  subPath: ""
  # if your repo needs a user name password
  # you can load them to a k8s secret like the one below
  #   ---
  #   apiVersion: v1
  #   kind: Secret
  #   metadata:
  #     name: git-credentials
  #   data:
  #     GIT_SYNC_USERNAME: <base64_encoded_git_username>
```

```
#     GIT_SYNC_PASSWORD: <base64_encoded_git_password>
# and specify the name of the secret below
#
# credentialsSecret: git-credentials
#
#
# If you are using an ssh clone url, you can load
# the ssh private key to a k8s secret like the one below
#   ---
#   apiVersion: v1
#   kind: Secret
#   metadata:
#     name: airflow-ssh-secret
#   data:
#     # key needs to be gitSshKey
#     gitSshKey: <base64_encoded_data>
# and specify the name of the secret below
# sshKeySecret: airflow-ssh-secret
#
# If you are using an ssh private key, you can additionally
# specify the content of your known_hosts file, example:
#
# knownHosts: |
#    <host1>,<ip1> <key1>
#    <host2>,<ip2> <key2>
# interval between git sync attempts in seconds
wait: 60
containerName: git-sync
uid: 65533

# When not set, the values defined in the global securityContext will be used
securityContext: {}
#  runAsUser: 65533
#  runAsGroup: 0

extraVolumeMounts: []
env: []
resources: {}
#  limits:
#   cpu: 100m
#   memory: 128Mi
#  requests:
#   cpu: 100m
#   memory: 128Mi
```

步骤 5 用编辑器打开 values.yaml 文件，定位到 values.yaml 中与 Airflow Webserver 访问方式有关的配置。这部分内容如代码清单 3-8 所示。

代码清单 3-8 Airflow 的 Helm chart 配置文件中与 Webserver 访问方式有关的配置

```
service:
  type: ClusterIP
  ## service annotations
  annotations: {}
  ports:
    - name: airflow-ui
      port: "{{ .Values.ports.airflowUI }}"
  # To change the port used to access the webserver:
  # ports:
  #   - name: airflow-ui
  #     port: 80
  #     targetPort: airflow-ui
  # To only expose a sidecar, not the webserver directly:
  # ports:
  #   - name: only_sidecar
  #     port: 80
  #     targetPort: 8888
  loadBalancerIP: ~
  ## Limit load balancer source ips to list of CIDRs
  # loadBalancerSourceRanges:
  #   - "10.123.0.0/16"
  loadBalancerSourceRanges: []
```

代码清单 3-8 的第 2 行是"type: ClusterIP"，这是默认的 Webserver 访问方式。在 Kubernetes 中，ClusterIP 代表应用程序通过集群的内部 IP 暴露服务，只能从集群内部访问。为了让 Webserver 能够对外提供服务，请将 type 从 ClusterIP 改为 LoadBalancer，修改完成后如代码清单 3-9 所示。

代码清单 3-9 Airflow 的 Helm chart 配置文件中与 Webserver 访问方式有关的配置（修改后）

```
service:
  type: LoadBalancer
  ## service annotations
  annotations: {}
  ports:
    - name: airflow-ui
      port: "{{ .Values.ports.airflowUI }}"
  # To change the port used to access the webserver:
  # ports:
```

```
#    - name: airflow-ui
#      port: 80
#      targetPort: airflow-ui
# To only expose a sidecar, not the webserver directly:
# ports:
#    - name: only_sidecar
#      port: 80
#      targetPort: 8888
loadBalancerIP: ~
## Limit load balancer source ips to list of CIDRs
# loadBalancerSourceRanges:
#    - "10.123.0.0/16"
loadBalancerSourceRanges: []
```

步骤 6 使用下面的命令安装 Airflow 的 Helm chart（假设 Kubernetes 集群存在 namespace prod-namespace）：

```
helm install prod-release apache-airflow/airflow --namespace prod-namespace -f values.yaml
```

等待一段时间后，运行下面的 Helm 命令判断 Airflow 应用的状态：

```
helm list --namespace prod-namespace
```

成功安装 Airflow 应用的标志是命令的输出信息中 STATUS 一栏为 deployed，如图 3-8 所示。

NAME	NAMESPACE	REVISION	UPDATED	STATUS	CHART	APP VERSION
prod-release	prod-namespace	1	2022-09-12 17:30:57.025091 +0800 CST	deployed	airflow-1.6.0	2.3.0

图 3-8　成功安装 Airflow 应用

2. 验证

通过下面的命令获取 Webserver 的外部 IP：

```
kubectl -n prod-namespace get svc
```

命令的输出结果如图 3-9 所示。

NAME	TYPE	CLUSTER-IP	EXTERNAL-IP	PORT(S)	AGE
prod-release-flower	ClusterIP	10.96.232.228	<none>	5555/TCP	11m
prod-release-postgresql	ClusterIP	10.96.185.190	<none>	5432/TCP	11m
prod-release-postgresql-headless	ClusterIP	None	<none>	5432/TCP	11m
prod-release-redis	ClusterIP	10.96.8.201	<none>	6379/TCP	11m
prod-release-statsd	ClusterIP	10.96.115.110	<none>	9125/UDP,9102/TCP	11m
prod-release-webserver	LoadBalancer	10.96.182.60	10.21.48.254	8080:31079/TCP	11m
prod-release-worker	ClusterIP	None	<none>	8793/TCP	11m

图 3-9　查询 Webserver 的外部 IP

Webserver 的外部 IP 是 10.21.48.254，端口是 8080。用浏览器访问 http://10.21.48.254:8080，进入 Webserver 的登录页面，在 Username 文本框中输入 admin，在 Password 文本框中输入 admin，然后单击 Sign In 按钮进行登录。成功登录后进入 Airflow Webserver 的主页面，如图 3-10 所示。

图 3-10　Airflow Webserver 的主页面

Webserver 的主页面有一个名为 verify_cluster 的 DAG。这是从笔者的 Git 仓库 https://github.com/vzpc/airflow-dags.git 的 main 分支拉取的。代码清单 3-10 展示了 verify_cluster 的源代码。

代码清单 3-10　verify_cluster 的源代码

```
from airflow import DAG
from airflow.operators.bash import BashOperator
from datetime import datetime, timedelta

default_args = {
    'owner': 'airflow',
    'depends_on_past': False,
    'email': ['airflow@example.com'],
    'email_on_failure': False,
    'email_on_retry': False,
    'retries': 1,
    'retry_delay': timedelta(minutes=5),
}

dag = DAG(
    'verify_cluster',
    default_args=default_args,
    start_date=datetime(2020, 1, 1),
    schedule_interval=timedelta(days=1)
)

t1 = BashOperator(
    task_id='run_this_first',
```

```
    bash_command='echo 1',
    dag=dag)

t2 = BashOperator(
    task_id='run_this_last',
    bash_command='echo 2',
    dag=dag)

t2.set_upstream(t1)
```

单击 DAG 左侧的激活按钮激活这个 DAG，如图 3-11 所示。

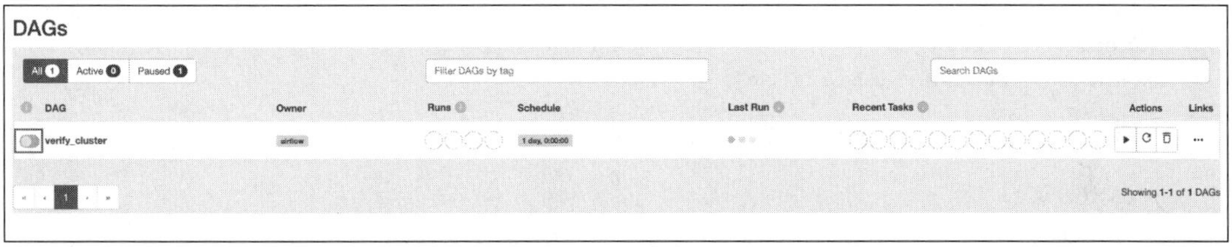

图 3-11　激活 DAG

如果集群的状态正常，此时 verify_cluster 开始运行，一段时间之后可以看到 verify_cluster 已经成功运行了一轮，如图 3-12 所示。

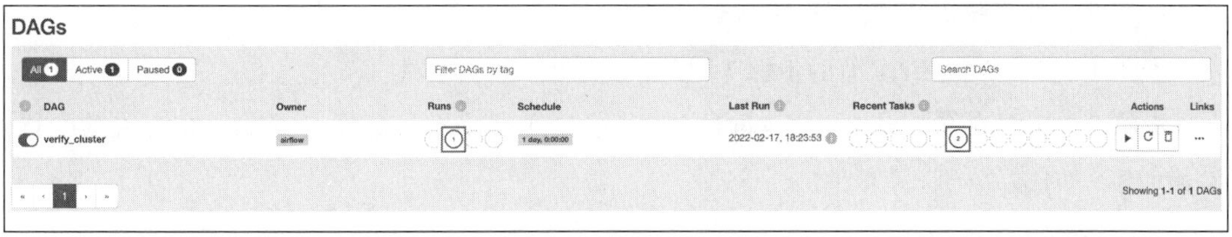

图 3-12　成功运行 DAG

3.2.2　基于 Kubernetes Executor 的部署

1. 安装和部署

按照下面的步骤进行 Airflow 的安装和部署。

步骤 1~步骤 5 与 3.2.1 节的**步骤 1~步骤 5** 类似，不再赘述。

步骤 6　用编辑器打开 values.yaml 文件，定位到 values.yaml 中与 Executor 有关的配置。这部分内容如代码清单 3-11 所示。

代码清单 3-11 Airflow 的 Helm chart 配置文件中与 Executor 有关的配置

```
# Airflow executor
# One of: LocalExecutor, LocalKubernetesExecutor, CeleryExecutor, KubernetesExecutor,
CeleryKubernetesExecutor
  executor: "CeleryExecutor"
```

从上面的代码不难看出，默认的 Executor 是 Celery Executor，本次部署需要使用 Kubernetes Executor，因此将 executor 配置成"KubernetesExecutor"。修改后如代码清单 3-12 所示。

代码清单 3-12 Airflow Helm chart 配置文件中与 Executor 有关的配置（修改后）

```
# Airflow executor
# One of: LocalExecutor, LocalKubernetesExecutor, CeleryExecutor, KubernetesExecutor,
CeleryKubernetesExecutor
  executor: "KubernetesExecutor"
```

步骤 7 与 3.2.1 节的**步骤 6** 类似，不再赘述。

2. 验证

这里的验证方法与 3.2.1 节类似，不再赘述。

3.2.3　基于 CeleryKubernetes Executor 的部署

1. 安装和部署

按照下面的步骤进行 Airflow 的安装和部署。

步骤 1~步骤 5 与 3.2.1 节的**步骤 1~步骤 5** 类似，不再赘述。

步骤 6 用编辑器打开 values.yaml 文件，定位到 values.yaml 中与 Executor 有关的配置。这部分内容如代码清单 3-13 所示。

代码清单 3-13 Airflow 的 Helm chart 配置文件中与 Executor 有关的配置

```
# Airflow executor
# One of: LocalExecutor, LocalKubernetesExecutor, CeleryExecutor, KubernetesExecutor,
CeleryKubernetesExecutor
  executor: "CeleryExecutor"
```

从上面的代码不难看出，默认的 Executor 是 Celery Executor，本次部署需要使用 CeleryKubernetes Executor，因此将 executor 配置成"CeleryKubernetesExecutor"。修改后如代码清单 3-14 所示。

代码清单 3-14 Airflow Helm chart 配置文件中与 Executor 有关的配置（修改后）

```
# Airflow executor
# One of: LocalExecutor, LocalKubernetesExecutor, CeleryExecutor, KubernetesExecutor,
```

```
CeleryKubernetesExecutor
    executor: "CeleryKubernetesExecutor"
```

步骤 7 与 3.2.1 节的**步骤 6** 类似,不再赘述。

2. 验证

这里的验证方法与 3.2.1 节类似,不再赘述。

3.3 本章小结

本章的目的是让读者可以从零开始搭建一个能用的 Airflow 集群。但是"能用"不代表好用,如果追求集群的安全性、吞吐量、可用性等,那么还需要在本章的基础上对集群做大量的优化。如果对这部分内容感兴趣,请参阅第 8 章。

第 4 章　DAG 相关概念

本章将逐一介绍 Airflow 中比较重要的一组概念——DAG、Task、DAG Run 以及 Task Instance。DAG 是工作流的代码表达。通过 DAG，抽象的工作流被具现为代码，变得可运行、可测试，还能进行协作和版本管理。DAG 定义了一组 Task 及其之间的依赖关系。如果用图论的方式来理解，Airflow 的 DAG 对应有向无环图，Task 是图中的顶点，Task 之间的依赖关系是图中的边。每当触发一个 DAG 时，它会被实例化成一个 DAG Run，DAG 中包含的 Task 会被实例化成 Task Instance。

4.1　DAG 简介

通常意义上的 DAG 是图论中的概念，全称是 Directed Acyclic Graph，即有向无环图。在图论中，如果一个有向图无法从某个顶点出发经过若干条边回到该顶点，则这个图是一个有向无环图。图 4-1 是一个有向无环图的例子。

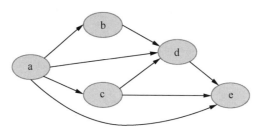

图 4-1　有向无环图

有向无环图非常适合描绘工作流。我们把图 4-1 中的图想象成一个工作流，图的顶点对应任务，图的边对应任务之间的依赖关系，那么该工作流包含 a、b、c、d、e 共 5 个任务。b 任务必须在 a 任务完成后才能执行，c 任务也必须在 a 任务完成后才能执行，d 任务必须在 a、 b、c 任务都完成后才能执行，e 任务必须在 a、b、c、d 任务都完成后才能执行。

更进一步地，如果我们用代码来表示有向无环图，即可获得工作流的代码表达。在 Airflow 中，图 4-1 所示的有向无环图可以用代码清单 4-1 表示。（为简单起见，假设 a、b、c、d、e 共 5 个任务都是虚拟任务，没有具体的内容，在 Airflow 中，常常用 DummyOperator 来构造这类任务。）

代码清单 4-1　有向无环图的代码表示

```python
from airflow import DAG
from airflow.operators.dummy import DummyOperator
from datetime import datetime, timedelta

default_args = {
    'owner': 'airflow',
    'depends_on_past': False,
    'email': ['airflow@example.com'],
    'email_on_failure': False,
    'email_on_retry': False,
    'retries': 1,
    'retry_delay': timedelta(minutes=5),
}

dag1 = DAG(
    'show_what_is_dag',
    start_date=datetime(2020, 1, 1),
    default_args=default_args,
    schedule_interval=timedelta(days=1)
)

t1 = DummyOperator(task_id='a', dag=dag1)
t2 = DummyOperator(task_id='b', dag=dag1)
t3 = DummyOperator(task_id='c', dag=dag1)
t4 = DummyOperator(task_id='d', dag=dag1)
t5 = DummyOperator(task_id='e', dag=dag1)

t2.set_upstream(t1)
t3.set_upstream(t1)
t4.set_upstream(t1)
t4.set_upstream(t2)
t4.set_upstream(t3)
```

```
t5.set_upstream(t1)
t5.set_upstream(t3)
t5.set_upstream(t4)
```

代码清单 4-1 首先创建了一个 DAG 对象——dag1，dag_id（DAG 的 ID）是 show_what_is_dag；然后创建了 5 个 Task（Airflow 中使用 Task 来表示任务）——t1、t2、t3、t4、t5，分别对应有向无环图的 5 个顶点 a、b、c、d、e；最后设置了 Task 之间的依赖关系，这些依赖关系和有向无环图的边一一对应。

在 Airflow 中，DAG 的概念一般指的是 dag1（或者 show_what_is_dag）这种程序对象，而不是它所代表的图。假设上面的代码被保存在文件 show_what_is_dag.py 中，则 show_what_is_dag.py 被称为 DAG 文件。

4.1.1 构造 DAG

构造 DAG 共分为 3 步：首先创建 DAG 对象；然后定义 DAG 中的 Task；最后定义 Task 之间的依赖关系。

1. 创建 DAG 对象

创建 DAG 对象的方法有 3 种。

第一种方法是使用 with 关键词，示例如代码清单 4-2 所示。

代码清单 4-2　使用 with 关键词创建 DAG 对象

```
from airflow import DAG
from airflow.operators.dummy import DummyOperator
from airflow.utils.dates import days_ago

with DAG("some_dag_1", start_date=days_ago(2)) as dag1:
    op = DummyOperator(task_id="some_task")
```

在代码清单 4-2 所示的 DAG 中，构造器包含两个参数：some_dag_1 表示 dag_id，start_date 表示这个 DAG 开始调度的时间。with 关键词定义的代码块内部是定义 Task 的位置，这里创建了一个虚拟的 Task，task_id（Task 的 ID）为 some_task。

第二种方法是使用标准构造器，示例如代码清单 4-3 所示。

代码清单 4-3　使用标准构造器创建 DAG 对象

```
from airflow import DAG
from airflow.operators.dummy import DummyOperator
from airflow.utils.dates import days_ago
```

```
dag1 = DAG("some_dag_2", start_date=days_ago(2))

op = DummyOperator(task_id="some_task", dag=dag1)
```

在代码清单 4-3 所示的 DAG 中，构造器包含两个参数：some_dag_2 表示 dag_id，start_date 表示这个 DAG 开始调度的时间。在 DAG 定义的下方创建了一个虚拟的 Task，task_id 为 some_task。值得注意的是，这里的 some_task 较之代码清单 4-2 的 some_task 多了一个 dag 参数，参数的值为 dag1，含义是 some_task 属于 DAG dag1。dag 参数决定了 Task 的归属，是 Task 的必要参数，只不过在代码清单 4-2 中，创建 Task 的代码处于创建 DAG 的代码块中，隐式地表明了 Task 的归属，因此可以省略 dag 参数。

第三种方法是使用 @dag 装饰器，示例如代码清单 4-4 所示。

代码清单 4-4　使用 @dag 装饰器创建 DAG 对象

```
from airflow.decorators import dag
from airflow.operators.dummy import DummyOperator
from airflow.utils.dates import days_ago

@dag(start_date=days_ago(2))
def generate_dag():
    op = DummyOperator(task_id="some_task")

dag1 = generate_dag()
```

代码清单 4-4 使用 @dag 装饰器修饰一个 Python 函数，Airflow 会自动把这个函数转成 DAG。示例中 @dag 装饰器的参数只有 start_date，省略了 dag_id。使用 @dag 装饰器构造的 DAG，dag_id 的默认值为函数的名字，即 generate_dag。在 generate_dag 函数内部创建了一个虚拟的 Task，task_id 为 some_task。与代码清单 4-2 类似，这里也不用显式地为 Task 指定 dag 参数。

2. 定义 DAG 中的 Task

Task 的类型有 3 种。

- Operator。Operator 是最常见的 Task 类型，Airflow 中大部分的 Task 都是 Operator 类型。Operator 是一个大的类别，它包含很多子类，有专门发邮件的 EmailOperator，有运行 Bash 命令的 BashOperator，有执行 Python 函数的 PythonOperator 等。用户还可以自定义 Operator。
- Sensor。Sensor 是一种特殊类型的 Operator，被设计用来等待某种信号。根据等待的信号不同，Sensor 也派生出很多子类，比如等待文件系统上某个文件 / 目录的

FileSensor，等待 S3 存储上的某个 key 的 S3KeySensor。
- TaskFlow。TaskFlow 是 PythonOperator 的一个替代品，较之后者更易于上手。

代码清单 4-5 给出了一个创建 Operator 类型的 Task 的示例。

代码清单 4-5　创建 Operator 类型的 Task

```
from airflow.operators.bash import BashOperator

t1 = BashOperator(task_id='run_bash', bash_command='echo 1')
```

代码清单 4-5 中使用的 Operator 是 BashOperator。Task t1 被创建出来，它的 task_id 为 run_bash。

代码清单 4-6 给出了一个创建 Sensor 类型的 Task 的示例。

代码清单 4-6　创建 Sensor 类型的 Task

```
from airflow.sensors.filesystem import FileSensor

t1 = FileSensor(task_id="check_file", filepath="/tmp/file1")
```

代码清单 4-6 中使用的 Sensor 是 FileSensor。Task t1 被创建出来，它的 task_id 为 check_file。

代码清单 4-7 给出了一个创建 TaskFlow 类型的 Task 的示例。

代码清单 4-7　创建 TaskFlow 类型的 Task

```
from airflow.decorators import task

@task(task_id="print_context")
def print_context(**kwargs):
    print(kwargs)

t1 = print_context()
```

代码清单 4-7 使用 @task 装饰器修饰一个 Python 函数，随后显式地调用这个函数创建 Task t1。Airflow 会自动把 @task 装饰器修饰的函数转成 Task。Task t1 的 task_id 为 print_context，这是在 @task 装饰器中指定的。

3. 定义 Task 之间的依赖关系

如果 DAG 中包含多个 Task，需要使用 >> 和 << 操作符或 set_upstream() 和 set_downstream() 函数来定义 Task 之间的依赖关系。

使用 >> 和 << 操作符的示例如下：

```
t1 >> t2
t3 << t2
```

t1、t2、t3 是 3 个 Task。第一行代码定义了 t1 和 t2 的关系：t1 是 t2 的上游 Task，t2 是 t1 的下游 Task。第二行代码定义了 t2 和 t3 的关系：t2 是 t3 的上游 Task，t3 是 t2 的下游 Task。

针对上面的示例，假如使用 set_upstream() 和 set_downstream() 函数进行改写，代码如下：

```
t2.set_upstream(t1)
t2.set_downstream(t3)
```

4. 一个完整的示例

代码清单 4-8 提供了一个完整的 DAG 的示例。

代码清单 4-8　一个完整的 DAG

```python
from airflow import DAG
from airflow.operators.bash import BashOperator
from datetime import datetime, timedelta

default_args = {
    'owner': 'airflow',
    'depends_on_past': False,
    'email': ['airflow@example.com'],
    'email_on_failure': False,
    'email_on_retry': False,
    'retries': 1,
    'retry_delay': timedelta(minutes=5),
}

dag1 = DAG(
    'show_full_dag',
    default_args=default_args,
    start_date=datetime(2020, 1, 1),
    schedule_interval=timedelta(2)
)

t1 = BashOperator(
    task_id='echo_1',
    bash_command='echo 1',
    dag=dag1
)

t2 = BashOperator(
    task_id='sleep',
```

```
    bash_command='sleep 5',
    dag=dag1
)

t3 = BashOperator(
    task_id='echo_2',
    bash_command='echo 2',
    dag=dag1
)

t2.set_upstream(t1)
t3.set_upstream(t1)
```

在代码清单 4-8 中，DAG dag1 被创建出来，它的 dag_id 为 show_full_dag。DAG 的构造器包含 4 个参数，除了 dag_id 和 start_date 之外，还有 default_args 和 schedule_interval。default_args 是一个字典类型的参数，它为 DAG 包含的 Task 提供了一套默认配置。比如在上面的示例中，我们在 default_args 中配置 retries 为 1，那么所有的 Task 默认都会在失败后重试一次。除非在 Task 中显式地覆盖 retries 配置。schedule_interval 表示调度的间隔，上面的例子把 schedule_interval 配置成 timedelta(2)，即每两天调度一次。show_full_dag 包含 3 个 Task，由于每个 Task 都是用 BashOperator 创建的，因此每个 Task 都会执行一条 bash 命令。t1 执行 echo 1 命令，t2 执行 sleep 5 命令，t3 执行 echo 2 命令。最后两行代码说明了 t1、t2、t3 之间的依赖关系：t1 是 t2 和 t3 的上游任务，即 t1 执行完之后才会执行 t2 和 t3。

4.1.2 加载 DAG

Airflow 默认会从 DAGs 目录的 Python 文件中加载 DAG。

需要注意的是，Airflow 在检测 Python 文件中的 DAG 时，只会把 top level 的对象当作 DAG。我们用代码清单 4-9 来做说明。

代码清单 4-9　只有 top level 的 DAG 对象会被加载

```
dag1 = DAG('this_dag_will_be_loaded')

def my_function():
    dag2 = DAG('this_dag_will_not_be_loaded')

my_function()
```

在代码清单 4-9 中，由于 dag1 是 top level 的对象，因此它会被加载，我们可以在 Webserver UI 上看到它。与之相反的是，dag2 是在 my_function 函数内部定义的，它不是 top level 的对象，因此不会被加载。

4.1.3 运行 DAG

只有处于激活状态的 DAG 才能被运行。

图 4-2 展示了一个处于非激活状态的 DAG。DAG 的 ID 为 some_dag_1，在 DAG 的左侧有一个按钮，目前是灰色的，这表明 DAG 的状态是非激活状态。

图 4-2　处于非激活状态的 DAG

单击 DAG 左侧的灰色按钮，可以将 DAG 的状态变成激活状态，如图 4-3 所示。

图 4-3　处于激活状态的 DAG

如果此时再次单击这个按钮，DAG 又会回到非激活状态。在 Airflow 中，将 DAG 从非激活状态转变为激活状态的操作叫作 Unpause（激活），将 DAG 从激活状态转变为非激活状态的操作叫作 Pause（停止）。

运行 DAG 的方式有两种。

第一种方式是手动触发。图 4-4 展示了手动触发 DAG 运行的操作。

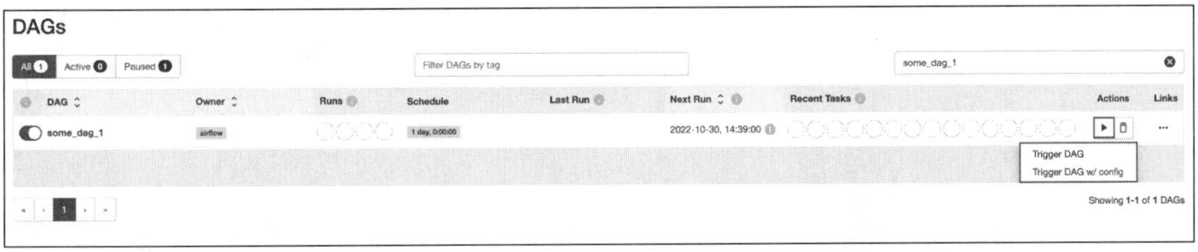

图 4-4　手动触发 DAG 运行

单击图 4-4 中 DAG 右侧的按钮，会弹出进一步的选择按钮（图中用大方框标出的部分）。如果选择 Trigger DAG（触发 DAG），那么 DAG 会立刻运行；如果选择 Trigger DAG w/ config（提供参数触发 DAG），则会跳转到一个新的页面，如图 4-5 所示。

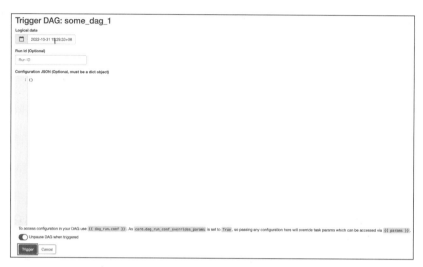

图 4-5　提供参数触发 DAG 的详情页面

在图 4-5 的 Configuration JSON 提示符下有一块空白的区域，用户需要在这里填写 DAG 运行所需的参数，必须为字典格式。最后单击页面左下角的 Trigger（触发）按钮，触发 DAG 运行。

第二种方式是在定义 DAG 的时候加上 schedule_interval 参数，如下面的代码所示：

```
with DAG("dag1", schedule_interval="@daily"):
    ...
```

schedule_interval 不等于 None 的 DAG 都会被 Airflow 的调度逻辑自动调度。上面的代码将 schedule_interval 配置为 @daily，因此这个 DAG 每天被调度一次。关于 Airflow 调度逻辑的更多细节请参阅第 6 章的内容。

4.2　Task

DAG 代表了完整的工作流，而 Task 代表了工作流中的具体任务，Task 之间的依赖关系代表了任务之间的依赖关系。

本节我们讨论 Task。首先，分析 Task 的 3 种类型——Operator、Sensor 和 TaskFlow；其次，介绍 TaskGroup 的概念；最后，交代 Task 的超时处理逻辑。

4.2.1 Task 的类型

Task 的类型有 3 种。

- Operator。Operator 是预先定义的 Task 模板，用 Operator 创建 Task 的过程就是给 Operator 的构造器传参的过程。Airflow 社区提供了大量的 Operator，方便用户实现各种功能。当然，Airflow 也支持自定义 Operator。
- Sensor。Sensor 是一种特殊类型的 Operator，被设计用来等待某种信号，比如等待一段时间过去、等待一个文件生成。在得到信号后，Sensor Task 完成。
- TaskFlow。TaskFlow 是 Airflow 自 2.0 版本开始提供的全新功能。只要简单地在普通的 Python 方法前加上 @task 装饰器，Airflow 就会自动把这个方法转成 Task。从功能上来说，TaskFlow 相当于 PythonOperator。只不过，TaskFlow 封装了很多 Airflow 的功能和特性，一方面降低了使用门槛，让用户可以在不了解这些功能和特性的情况下快速上手编写 DAG；另一方面使得 DAG 的代码更加简洁、优雅。

1. Operator

使用 Operator 创建 Task 很简单，调用 Operator 的构造器即可。Airflow 社区有大量的 Operator，覆盖了各种各样的功能。一般情况下，用户需要做的仅仅是选择合适的 Operator。当然，如果社区提供的 Operator 不能满足要求，自定义 Operator 是最终的解决方案。下面我们先介绍经典的 Operator 的用法，再介绍自定义 Operator 的编写方法。

1）BashOperator

BashOperator 是用来执行 Bash 命令的 Operator。代码清单 4-10 提供了 BashOperator 的一个示例。

代码清单 4-10　使用 BashOperator 创建 Task

```
from airflow.operators.bash import BashOperator

t1 = BashOperator(task_id='print_date', bash_command='date')
```

代码清单 4-10 使用 BashOperator 构造了一个 task_id 为 print_date 的 Task，这个 Task 在运行时会执行 Bash 命令 date 来输出当前的时间。

2）PythonOperator

PythonOperator 是用来执行 Python 代码的 Operator。代码清单 4-11 提供了 PythonOperator 的一个示例。

代码清单 4-11　使用 PythonOperator 创建 Task

```python
from airflow.operators.python import PythonOperator

def print_context(**kwargs):
    print(kwargs)

t1 = PythonOperator(task_id='print_context', python_callable=print_context)
```

代码清单 4-11 使用 PythonOperator 构造了一个 task_id 为 print_context 的 Task，这个 Task 在运行时会执行 print_context 这个 Python 函数。函数的内容是输出当前的上下文信息。

3）EmailOperator

EmailOperator 是用来发邮件的 Operator。代码清单 4-12 提供了 EmailOperator 的一个示例。

代码清单 4-12　使用 EmailOperator 创建 Task

```python
from airflow.operators.email import EmailOperator

t1 = EmailOperator(
    task_id='send_email',
    to="admin@example.com",
    subject="Some subject",
    html_content='Some content'
)
```

代码清单 4-12 使用 EmailOperator 构造了一个 task_id 为 send_email 的 Task，这个 Task 在运行时会给地址 admin@example.com 发送邮件，邮件的主题是 Some subject，邮件的内容是 Some content。

4）自定义 Operator

所有的 Operator 都继承自 BaseOperator 类。BaseOperator 是一个抽象类，它的 execute 方法是抽象的，由子类负责提供具体的实现。我们通过一个简单的示例展示如何通过继承和扩展 BaseOperator 来创建自定义 Operator，具体代码如代码清单 4-13 所示。

代码清单 4-13　自定义 Operator——HelloOperator

```python
from airflow.models.baseoperator import BaseOperator

class HelloOperator(BaseOperator):
    def __init__(self, name: str, **kwargs) -> None:
        super().__init__(**kwargs)
        self.name = name
```

```
    def execute(self, context):
        print("Hello, %s!" % self.name)
```

代码清单 4-13 创建了一个新的类——HelloOperator，它继承自 BaseOperator。HelloOperator 的构造函数会调动父类的构造函数，此外，它还定义了一个字段——name。在 execute 函数的实现中，这个 name 字段被拼接到以 Hello 开头的字符串中，然后输出。

要如何使用自定义的 Operator 呢？假设代码清单 4-13 的代码保存在文件 hello_operator.py 中，代码清单 4-14 提供了 HelloOperator 的一个完整使用示例。

代码清单 4-14　HelloOperator 的完整使用示例

```
from airflow import DAG
from airflow.utils.dates import days_ago
from hello_operator import HelloOperator

with DAG("how_to_use_hello_operator", start_date=days_ago(2)) as dag1:
    hello_task = HelloOperator(task_id="hello_world", name="world")
```

代码清单 4-14 创建了一个 dag_id 为 how_to_use_hello_operator 的 DAG，这个 DAG 包含一个 task_id 为 hello_world 的 Task，hello_world Task 用 HelloOperator 构造，在构造器中传入的 name 参数为 world。

假设代码清单 4-14 的代码保存在文件 show_how_to_use_hello_operator.py 中，将文件 show_how_to_use_hello_operator.py 和 hello_operator.py 复制到 Airflow 集群的 DAGs 目录下，等待一段时间，Webserver 的主页面会出现名为 how_to_use_hello_operator 的 DAG，如图 4-6 所示。

图 4-6　使用自定义 Operator 创建 DAG

2. Sensor

1）为什么需要 Sensor

如何保证某个 Task 在执行前所依赖的条件都已就绪？在没有 Sensor 的情况下，用户可以用 BashOperator 创建一个上游的 Task，过程很简单，就是 check 和 sleep。上游的 Task 周期性地检查（check）条件是否就绪：如果就绪，则成功返回并触发下游的 Task；如果没有就绪，就等待一段时间（sleep），直到下一次检查。伪代码如下：

```
while true
    do
        if external resource is ready
            then return OK
            else sleep some time
    end
```

让每个用户都自己实现一套 check 和 sleep 的逻辑显然是重复造轮子，并且检查条件是否就绪应该是调度系统解决的问题。Airflow 的开发者为此创造了一类特殊的 Operator——Sensor。Sensor 内部实现了 check 和 sleep 的逻辑，用户只需要关心两件事情：使用哪个 Sensor，以及配置 Sensor 的参数。

Sensor 的参数主要有 3 个——poke_interval、timeout 和 mode。poke_interval 定义了两次 check 之间的间隔时间。timeout 定义了一直 check 不成功情况下的运行时间上界，超时则必须退出，释放资源。mode 有两种——poke mode 和 reschedule mode，后面会详细解释。

2）常用的 Sensor

Airflow 预先实现了非常多的 Sensor，比较常用的有如下这些。

- FileSensor：等待文件系统上的一个文件 / 目录就绪。
- S3KeySensor：等待 S3 存储中的一个 key 出现。
- SqlSensor：重复运行一条 SQL 语句直到满足条件。
- HivePartitionSensor：等待 Hive 中的一个分区出现。
- ExternalTaskSensor：等待另一个 DAG Run 整体或者其中的某个 Task Instance 完成。
- DateTimeSensor：等到某个指定的时间。
- TimeDeltaSensor：一般情况下，Task 会在 (execution_date + schedule_interval) 之后运行，TimeDeltaSensor 能够让 Task 再等待一段指定的时间。

3）Sensor 的工作模式

Sensor 有两种工作模式。第一种工作模式是 poke mode，这也是默认的模式。在这种模式下，Sensor 会一直运行，也就会一直占用资源，直到成功返回或者超时。在两次 check 的间隙，实际上 Sensor 是不做任何事情的，如果这时还占用资源，会造成一定程度的浪费。对于条件很快就能满足的场景，因为 check 很快就会成功返回，所以浪费是可以被接受的。但是，对于可能很久都不能满足条件的场景，使用 poke mode 会造成非常严重的资源浪费。

通过调整 timeout 到一个比较小的值，可以在一定程度上解决这个问题。在达到 timeout

指定的时间后，Sensor 会退出，释放资源。但是，timeout 调得很小就失去了使用 Sensor 的意义，针对可能需要长时间等待的条件，更好的解决方案是使用第二种工作模式 reschedule mode。

既然在两次 check 的间隙 Sensor 是不做任何事情的，那么不如把这段时间的资源释放，让别的 Task 使用，这正是 reschedule mode 的设计理念。如果一个 Task 是 Sensor 类型的并且 Sensor 被配置成以 reschedule mode 运行，那么这个 Task 在 check 失败后会进入 up_for_reschedule 状态。等待 poke_interval 时间后才会再次被调度运行。当 Task 处于 up_for_reschedule 状态时，它所占用的资源会被释放，从而被其他 Task 使用。

reschedule mode 并非在所有的场景下都优于 poke mode。对延迟比较敏感的工作流，使用 poke mode 会更好。假设需要在条件达成的 1s 之内触发下游的 Task，那么 reschedule mode 是做不到的，因为 Task 的调度时间远远超过 1s。

3. TaskFlow

使用 Operator 是创建 Task 的通用方法（Sensor 本质上也是 Operator），但是在 Task 基本上都是 Python 函数的场景中，有一种更简洁和友好的方法——TaskFlow。接下来首先通过对比 PythonOperator 和 TaskFlow 在构建同样的工作流时的代码，充分展示 TaskFlow 的优势。然后阐述 TaskFlow 中的两个重要概念——结果传递和依赖推断。最后介绍 TaskFlow 对 Virtual Environment 的支持。

1）PythonOperator 与 TaskFlow

TaskFlow 是 Airflow 2.0 引入的新功能，旨在优化 Task 是 Python 函数的场景。在这之前，如果用 Python 函数作为 Task，通常都是用 PythonOperator 来包装的。要使用 PythonOperator，用户需要先对 Airflow 的 Operator 有一个全面的了解，这对 Airflow 的初学者来说并不友好。此外，使用 PythonOperator 封装 Python 函数，会增加不少额外的代码，使得 DAG 文件不够简洁。针对这些痛点，TaskFlow 做了非常大的优化。TaskFlow 能够让 Python 函数自动变成 Airflow 的 Task，只需如下额外的两行代码。

- 在函数前使用 @task 装饰器。
- 调用函数生成 Task 对象。

通过 TaskFlow，用户能够专注于 Python 函数的编写，而无须关心 Airflow 底层的细节。

在前面内容中，我们已经介绍过 PythonOperator 和 TaskFlow 的具体示例，如代码清单 4-11 所示。如果用 TaskFlow 来实现同样的效果，应当如代码清单 4-7 所示。这两个示例较为简单，并且都不是完整的 DAG。为了更好地说明 TaskFlow 在目标场景中的优势，我们设想一个完整的示例，分别基于 PythonOperator 和 TaskFlow 创建 DAG，再进行对比。假设有一个简化的 etl（extract-transform-load）的工作流，在 extract、transform、load 3 步中分别要执行下面的同名 Python 函数：

```
def extract():
    data_string = '{"1001": 301.27, "1002": 433.21, "1003": 502.22}'
    order_data_dict = json.loads(data_string)
    return order_data_dict

def transform(order_data_dict: dict):
    total_order_value = 0
    for value in order_data_dict.values():
        total_order_value += value
    return {"total_order_value": total_order_value}

def load(total_order_value: float):
    print(f"Total order value is: {total_order_value:.2f}")
```

基于 PythonOperator 创建 DAG 的代码如代码清单 4-15 所示。

代码清单 4-15　基于 PythonOperator 创建 DAG

```
import json
from airflow.decorators import dag
from airflow.operators.python import PythonOperator
from airflow.utils.dates import days_ago

default_args = {
    'owner': 'airflow',
}

@dag(default_args=default_args, schedule_interval=None, start_date=days_ago(2))
def tutorial_etl():

    def extract(**kwargs):
        ti = kwargs['ti']
        data_string = '{"1001": 301.27, "1002": 433.21, "1003": 502.22}'
        ti.xcom_push('order_data', data_string)

    def transform(**kwargs):
        ti = kwargs['ti']
        extract_data_string = ti.xcom_pull(task_ids='extract', key='order_data')
        order_data = json.loads(extract_data_string)

        total_order_value = 0
        for value in order_data.values():
```

```
            total_order_value += value

        total_value = {"total_order_value": total_order_value}
        total_value_json_string = json.dumps(total_value)
        ti.xcom_push('total_order_value', total_value_json_string)

    def load(**kwargs):
        ti = kwargs['ti']
        total_value_string = ti.xcom_pull(task_ids='transform', key='total_order_value')
        total_order_value = json.loads(total_value_string)
        print(total_order_value)

    extract_task = PythonOperator(
        task_id='extract',
        python_callable=extract,
    )

    transform_task = PythonOperator(
        task_id='transform',
        python_callable=transform,
    )

    load_task = PythonOperator(
        task_id='load',
        python_callable=load,
    )

    extract_task >> transform_task >> load_task

tutorial_etl_dag = tutorial_etl()
```

基于 TaskFlow 创建 DAG 的代码如代码清单 4-16 所示。

代码清单 4-16　基于 TaskFlow 创建 DAG

```
import json
from airflow.decorators import dag, task
from airflow.utils.dates import days_ago

default_args = {
    'owner': 'airflow',
}

@dag(default_args=default_args, schedule_interval=None, start_date=days_ago(2))
def tutorial_taskflow_api_etl():
```

```python
@task()
def extract():
    data_string = '{"1001": 301.27, "1002": 433.21, "1003": 502.22}'
    order_data_dict = json.loads(data_string)
    return order_data_dict

@task(multiple_outputs=True)
def transform(order_data_dict: dict):
    total_order_value = 0
    for value in order_data_dict.values():
        total_order_value += value
    return {"total_order_value": total_order_value}

@task()
def load(total_order_value: float):
    print(f"Total order value is: {total_order_value:.2f}")

order_data = extract()
order_summary = transform(order_data)
load(order_summary["total_order_value"])

tutorial_etl_dag = tutorial_taskflow_api_etl()
```

通过对比可以发现，使用 TaskFlow 的代码更简洁。较之使用 PythonOperator 的代码，使用 TaskFlow 的代码少了调用 XCom 在函数之间传递结果的部分以及声明 Task 之间依赖的部分。这两块正是 TaskFlow 的核心优化——结果传递和依赖推断。

2）结果传递

在 PythonOperator 版本的 etl 中，我们需要显式地调用 XCom 以便在 Python 函数之间传递结果，TaskFlow 同样依赖 XCom 来传递结果，但是这部分逻辑不需要用户实现，TaskFlow 在背后封装了对 XCom 的调用。

通常情况下，TaskFlow 会把函数的返回值（结果）作为一个整体进行传递（对应到一个 XCom key），但是，对于返回值是字典的情况，允许将字典展开，字典中的每一个条目单独进行传递（字典的 <key, value> 和 XCom 的 <key, value> 一一对应）。在字典展开的情况下，调用链上的下一个函数可以指定某一个或者某几个条目作为输入，而不用加载整部字典。让 TaskFlow 对返回值做展开的方法有两种。一种方法是显式地声明返回值是字典，此时 TaskFlow 会自动展开。示例代码如下：

```python
@task
def identity_dict(x: int, y: int) -> Dict[str, int]:
    return {"x": x, "y": y}
```

另一种方法是使用 multiple_outputs 参数，正如代码清单 4-16 中 transform 函数所做的那样。

3）依赖推断

TaskFlow 实现了依赖推断，用户不需要显式地声明 Task 之间的依赖关系，这些关系会自动被 TaskFlow 识别。代码清单 4-16 有如下的代码：

```
order_data = extract()
order_summary = transform(order_data)
load(order_summary["total_order_value"])
```

这段代码包含的函数调用隐含了 Task 的依赖关系，由于 extract 函数产生的结果被 transform 函数使用，transform 函数产生的结果被 load 函数使用，因此我们可以分析出 Task 之间的依赖关系应该是 extract >> transform >> load。TaskFlow 的依赖推断的内部逻辑也是这么工作的。

如果基于 Python 函数的 Task 和其他 Task 并存，那么依赖推断是什么样的呢？我们来看两个示例。

依赖推断的第一个示例如代码清单 4-17 所示。

代码清单 4-17　依赖推断的第一个示例

```
from airflow.decorators import dag, task
from airflow.operators.email import EmailOperator
from airflow.utils.dates import days_ago

default_args = {
    'owner': 'airflow',
}

@dag(default_args=default_args, schedule_interval=None, start_date=days_ago(2))
def tutorial_taskflow_api_dependency_1():

    @task
    def get_ip():
        return my_ip_service.get_main_ip()

    @task
    def compose_email(external_ip):
        return {
            'subject':f'Server connected from {external_ip}',
            'body': f'Your server executing Airflow is connected from the external IP {external_ip}<br>'
        }

    email_info = compose_email(get_ip())
```

```python
    EmailOperator(
        task_id='send_email',
        to='example@example.com',
        subject=email_info['subject'],
        html_content=email_info['body']
    )

tutorial_dependency_dag = tutorial_taskflow_api_dependency_1()
```

在代码清单 4-17 中，get_ip 和 compose_email 是两个基于 Python 函数的 Task，send_email 是用 EmailOperator 创建的 Task。值得注意的是，尽管存在非 Python 函数的 Task，Task 的依赖关系仍然不需要被显式地声明，这是因为 send_email 利用了 compose_email 产生的结果，而 compose_email 利用了 get_ip 产生的结果，TaskFlow 据此能够完成依赖推断。

依赖推断的第二个示例如代码清单 4-18 所示。

代码清单 4-18　依赖推断的第二个示例

```python
import pandas as pd
from airflow.decorators import dag, task
from airflow.sensors.filesystem import FileSensor
from airflow.utils.dates import days_ago

default_args = {
    'owner': 'airflow',
}

@dag(default_args=default_args, schedule_interval=None, start_date=days_ago(2))
def tutorial_taskflow_api_dependency_2():

    @task()
    def extract_from_file():
        order_data_file = '/tmp/order_data.csv'
        order_data_df = pd.read_csv(order_data_file)

    file_task = FileSensor(task_id='check_file', filepath='/tmp/order_data.csv')
    order_data = extract_from_file()

    file_task >> order_data

tutorial_dependency_dag = tutorial_taskflow_api_dependency_2()
```

在代码清单 4-18 中，extract_from_file 是基于 Python 函数的 Task，check_file 是用 FileSensor 创建的 Task。因为 Task 之间的依赖关系并不能从函数调用中推断出来（check_file 并不需要获取 extract_from_file 产生的结果），所以必须显式地声明 check_file 对 extract_from_file 的依赖。

4）使用 Virtual Environment

TaskFlow 支持 Python 的 Virtual Environment。通过将 @task 装饰器换成 @task.virtualenv 装饰器并配置合理的参数，可以为每一个 Task 指定单独的运行环境。代码清单 4-19 提供了一个使用 @task.virtualenv 装饰器的示例。

代码清单 4-19　在 TaskFlow 中使用 Virtual Environment

```
@task.virtualenv(
    use_dill=True,
    system_site_packages=False,
    requirements=['funcsigs'],
)
def extract():
    data_string = '{"1001": 301.27, "1002": 433.21, "1003": 502.22}'
    order_data_dict = json.loads(data_string)
    return order_data_dict
```

4.2.2　TaskGroup

Airflow 提供了 TaskGroup，用来组织 Task。代码清单 4-20 展示了一个在 DAG 中使用 TaskGroup 的示例。（为简单起见，示例中的 Task 都是通过 DummyOperator 创建的。）

代码清单 4-20　用 TaskGroup 组织 Task

```
from airflow import DAG
from airflow.operators.dummy_operator import DummyOperator
from airflow.utils.task_group import TaskGroup
from datetime import datetime

with DAG(
    dag_id='show_taskgroup',
    start_date=datetime(2020, 1, 1),
    schedule_interval="@daily"
) as dag:

    t0 = DummyOperator(task_id='start')

    # Start TaskGroup definition
    with TaskGroup(group_id='group1') as tg1:
        t1 = DummyOperator(task_id='task1')
        t2 = DummyOperator(task_id='task2')

        t1 >> t2
    # End TaskGroup definition
```

```
t3 = DummyOperator(task_id='end')

# Set TaskGroup's (tg1) dependencies
t0 >> tg1 >> t3
```

代码清单 4-20 创建了一个 dag_id 为 show_taskgroup 的 DAG，这个 DAG 包含一个 Task t0（task_id 为 start）、一个 TaskGroup tg1（group_id 为 group1）和一个 Task t3（task_id 为 end）。t0 是 tg1 的上游 Task，t3 是 tg1 的下游 Task。tg1 又有两个 Task——t1（task_id 为 task1）和 t2（task_id 为 task2）。t1 是 t2 的上游 Task。

假设代码清单 4-20 的代码保存在文件 show_taskgroup.py 中，将文件复制到 Airflow 集群的 DAGs 目录下，等待一段时间，Webserver 的主页面会出现名为 show_taskgroup 的 DAG。打开 show_taskgroup 的 Graph 图，可以看到如图 4-7 所示的效果。

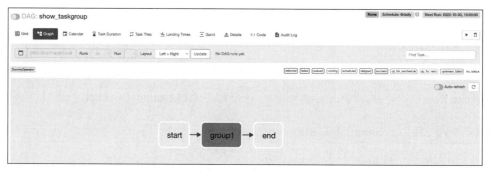

图 4-7　包含 TaskGroup 的 DAG 的 Graph 图（未展开）

图 4-7 包含了 Task t0（task_id 为 start）、t3（task_id 为 end）以及 TaskGroup tg1（group_id 为 group1）。但是 tg1 内部的 Task 并没有显示。

单击中间的 group1 方块，可以展开 TaskGroup tg1。展开后的效果如图 4-8 所示。

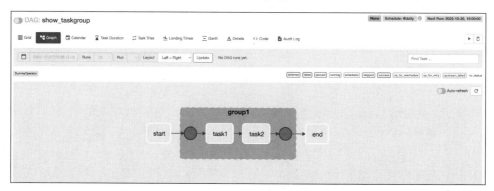

图 4-8　包含 TaskGroup 的 DAG 的 Graph 图（展开）

在展开 TaskGroup tg1 后，Task t1（task_id 为 task1）和 t2（task_id 为 task2）会出现在页面上。

4.2.3　Task 的超时处理

Task 的运行时间上限由 execution_timeout 参数指定。超时的 Task 会被 Airflow 改成 failed 状态。

如果仅仅是希望在 Task 超时的时候获得告警，让 Task 继续执行，可以使用 sla 参数。这个参数会让 Task 在超时之后出现在 Airflow Webserver UI 的 SLA Misses 部分，并且发送邮件告警。当然，Airflow 也支持自定义的处理逻辑，这部分是通过 sla_miss_callback 参数指定的。

4.3　DAG Run 和 Task Instance

每当一个 DAG 被触发时，它会被实例化为一个 DAG Run，其中包含的 Task 会被实例化为 Task Instance。

1. DAG 和 DAG Run 以及 Task 和 Task Instance 之间的关系

DAG 和 DAG Run 以及 Task 和 Task Instance 之间的关系，很像 Java 中类（Class）和对象（Object）的关系。DAG Run 是实例化的 DAG。Task Instance 是实例化的 Task。一个 DAG 可能会被调度多次，每次调度都会产生一个 DAG Run，并且有唯一的 Execution Date 与之对应。一个 DAG 可能包含多个 Task，一个 DAG Run 也可能包含多个 Task Instance。DAG 和 DAG Run 以及 Task 和 Task Instance 之间的关系如图 4-9 所示。

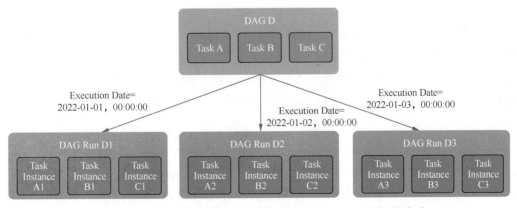

图 4-9　DAG 和 DAG Run 以及 Task 和 Task Instance 之间的关系

图 4-9 的 DAG D 包含 3 个 Task——Task A、Task B 和 Task C。这个 DAG 被调度了 3 次。第一次调度的 Execution Date 等于 2022-01-01, 00:00:00，产生了 DAG Run D1，D1 包含 3 个 Task Instance——A1、B1、C1。第二次调度的 Execution Date 等于 2022-01-02, 00:00:00，产生了 DAG Run D2，D2 包含 3 个 Task Instance——A2、B2、C2。第三次调度的 Execution Date 等于 2022-01-03, 00:00:00，产生了 DAG Run D3，D3 包含 3 个 Task Instance——A3、B3、C3。

2. DAG 的触发

触发 DAG 的方式一共有 3 种。最常见的方式是配置 schedule，Airflow 会根据用户定义的 schedule 自动触发 DAG。有自动当然就有手动，用户可以通过 CLI（Command Line Interface，命令行界面）或者 Webserver UI 显式地触发 DAG。最后还有一种特殊情况——Backfill（回填），用来触发 start_date 之前的 DAG Run。

1）配置 schedule

Airflow 的 Scheduler 会按照用户定义的 schedule 自动触发 DAG，生成 DAG Run。schedule 主要有 3 个参数——start_date、end_date 和 schedule_interval。第一个 DAG Run 的 Execution Date 必须大于 start_date，最后一个 DAG Run 的 Execution Date 必须小于 end_date，假如 end_date 不为空。schedule_interval 有两种配置方式：使用 datetime.timedelta 对象或者使用 crontab 表达式。不同的配置方式下，schedule_interval 的语义也有所不同。

如果使用 datetime.timedelta 对象，那么 schedule_interval 就是字面含义，仅仅代表了一个时间间隔。第一个 DAG Run 的 Execution Date 必须大于 start_date。此后每一个 DAG Run 的 Execution Date 都是前一个加上 schedule_interval。

如果使用 crontab 表达式，那么 schedule_interval 直接定义了所有的 DAG Run 的 Execution Date，当然，Execution Date 仍然需要落在 start_date 和 end_date 规定的区间中。我们用一个简单的示例来说明。假设 schedule_interval 被定义为 "30 16 * * *"，那么每个 DAG Run 的 Execution Date 都应该为每天的下午 4 点半，再假设 start_date 被定义为 "datetime(2022, 1, 1, 19, 50)"，那么第一个 DAG Run 的 Execution Date 是 2022-01-02,16:30:00，第二个 DAG Run 的 Execution Date 是 2022-01-03,16:30:00，以此类推。

为了简化用户的配置，Airflow 还将一些常用的 crontab 表达式做了预设，当我们希望每小时触发一次 DAG 时，不必使用 "0 * * * *" 这样的 crontab 表达式，直接用别名 "@hourly" 就好。全部的别名和预设表达式之间的映射关系如表 4-1 所示。

另外，还有两个特殊的别名："None" 代表 DAG 不能被 Scheduler 调度，只能从外部触发；"@once" 代表 DAG 能且仅能被 Scheduler 调度一次。

表 4-1　别名和预设表达式之间的映射关系

别名	预设表达式
@hourly	0 * * * *
@daily	0 0 * * *
@weekly	0 0 * * 0
@monthly	0 0 1 * *
@quarterly	0 0 1 */3 *
@yearly	0 0 1 1 *

start_date、end_date 和 schedule_interval 共同定义了一系列的 DAG Run。在默认情况下，Airflow 的 Scheduler 会触发最近的一次 DAG Run 的 Execution Date 以后，当前时间以前范围内的全部 DAG Run，这个概念叫作 Catchup（追赶）。如果希望 Airflow 仅仅关注眼前的 DAG Run，而不去触发已经过去的 DAG Run，可以关闭 Catchup 功能。为单个 DAG 关闭 Catchup 功能的方式是在 DAG 的构造器中设置 catchup 属性为 False。全局关闭 Catchup 功能则需要在 airflow.cfg 文件中设置 [scheduler] section 的 catchup_by_default 为 False。

2）从外部触发

外部触发的方式有两种——CLI 和 Webserver UI。后者在前面内容中有所涉及，这里不再赘述。如果要使用 CLI 触发，请使用下面的命令：

```
airflow dags trigger --exec-date execution_date dag_id
```

如果 DAG 支持传参，可以加上 --conf 选项以指定参数，示例命令如下：

```
airflow dags trigger --conf '{"conf1": "value1"}' --exec-date execution_date dag_id
```

3）Backfill

Backfill 解决的是这样的问题：如何触发 start_date 之前的 DAG Run。一个具体的示例是，用户创建了一个 start_date 为 2021-11-01 的 DAG，每天将当天的数据导入数据库。显然，这个 DAG 只能导入从 2021-11-01 开始的数据。如果用户突然希望导入 2021 年 10 月份的数据，就必须使用 Backfill 功能。方法是使用下面的命令行：

```
airflow dags backfill \
    --start-date START_DATE \
    --end-date END_DATE \
    dag_id
```

通过 --start-date 指定一次性的 start_date，通过 --end-date 指定一次性的 end_date，再通过 dag_id 指定 DAG 的名字。

3. Task 的触发

Task 在什么时候被触发呢？在默认情况下，对于一个 Task，只有它所依赖的全部 Task 都执行成功之后 DAG 才会执行它。当然，一些机制可以改变默认行为。下面将探讨这些机制。

1）Branching

Branching 即分支，这种机制允许 DAG 根据条件挑选一部分下游的 Task 以便执行。图 4-10 展示了分支的一个示例。

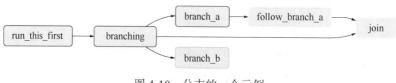

图 4-10　分支的一个示例

在这个示例中，branching 这个 Task 执行完成之后有两个分支——branch_a 和 branch_b，只有 branch_a 这个分支的 Task 继续执行。

Branching 机制是通过一种特殊的 Operator 实现的。如果想要快速开发 Branching 的功能，可以使用 Airflow 提供的现成的 BranchPythonOperator。代码清单 4-21 是一个使用 BranchPythonOperator 的示例。

代码清单 4-21　使用 BranchPythonOperator 进行开发

```
def branch_func(ti):
    xcom_value = int(ti.xcom_pull(task_ids='start_task'))
    if xcom_value >= 5:
        return 'continue_task'
    else:
        return 'stop_task'

start_op = BashOperator(
    task_id='start_task',
    bash_command="echo 5",
    xcom_push=True,
    dag=dag,
)

branch_op = BranchPythonOperator(
    task_id='branch_task',
    python_callable=branch_func,
    dag=dag,
)
```

```
continue_op = DummyOperator(task_id='continue_task', dag=dag)
stop_op = DummyOperator(task_id='stop_task', dag=dag)

start_op >> branch_op >> [continue_op, stop_op]
```

BranchPythonOperator 最主要的参数是 python_callable，这个参数必须是一个 Python 方法，返回值是下游 Task 的 id 或者 id 列表。id 代表的 Task 会被选中继续执行，其余的 Task 则被跳过。

如果想要在自定义 Operator 中实现 Branching，可以继承 BaseBranchOperator，然后实现 choose_branch 方法。代码清单 4-22 是一个简单的示例。

代码清单 4-22　在自定义 Operator 中实现 Branching

```
class MyBranchOperator(BaseBranchOperator):
    def choose_branch(self, context):
        """
        Run an extra branch on the first day of the month
        """
        if context['execution_date'].day == 1:
            return ['daily_task_id', 'monthly_task_id']
        else:
            return 'daily_task_id'
```

2）Latest Only

Latest Only 本质上是一种特殊的 Branching。普通的 Branching 是针对某个 DAG Run，在这个 DAG Run 中可能有多个 Task 分支，最终只有一部分 Task 被执行。而 Latest Only 针对的是周期性 schedule 的 DAG 的多个 DAG Run（一般是由 Backfill 产生的），在这多个 DAG Run 中，只会执行最近（根据 Execution Date 判定）的一个 DAG Run 的 LatestOnlyOperator 的下游 Task。这个概念说起来很拗口，我们结合代码清单 4-23 的示例了解一下。

代码清单 4-23　演示 Latest Only 的示例

```
import datetime as dt

from airflow import DAG
from airflow.operators.dummy import DummyOperator
from airflow.operators.latest_only import LatestOnlyOperator
from airflow.utils.dates import days_ago

with DAG(
    dag_id='latest_only_with_trigger',
    schedule_interval=dt.timedelta(hours=4),
```

```
    start_date=days_ago(2),
    tags=['example3'],
) as dag:

    latest_only = LatestOnlyOperator(task_id='latest_only')
    task1 = DummyOperator(task_id='task1')

    latest_only >> task1
```

在这个示例中，latest_only 是由 LatestOnlyOperator 创建的 Task，task1 是它的下游 Task。假设这个 DAG 因为 Backfill 被 schedule 了很多次，Execution Date 分别为 2016-01-01、2016-01-02 和 2016-01-03（2016-01-04 尚未被触发，因为时间没到），那么只有 2016-01-03 这个 DAG Run 的 task1 会被执行。

3）Depends On Past

Depends On Past 是指一个 Task 能否执行依赖于它前一轮执行的结果，只有在前一轮的 DAG Run 中这个 Task 成功执行了，本轮它才可以执行。当然，如果是第一次运行 DAG，那么不存在前一轮的概念，此时 Task 一定会执行。使用 Depends On Past 功能的方式是在 Task 的配置中显式地指定 depends_on_past 参数为 True。

4）Trigger Rules

默认情况下，对于一个 Task，只有它所依赖的全部 Task 都执行成功之后 DAG 才会执行它。这个是由 Task 的 Trigger Rules 决定的默认行为。通过修改 Task 的配置 trigger_rule，可以改变这一行为。trigger_rule 的选项如下。

- all_success (default)：所有的上游 Task 都成功。
- all_failed：所有的上游 Task，要么本身失败，要么上游失败。
- all_done：所有的上游 Task 都完成，无论成功还是失败。
- one_failed：至少有一个上游 Task 失败。
- one_success：至少有一个上游 Task 成功。
- none_failed：所有的上游 Task 都没有失败（可能成功，也可能被跳过）。
- none_failed_min_one_success：所有的上游 Task 都没有失败，至少有一个成功（不是都跳过）。
- none_skipped：所有的上游 Task 都没有被跳过。
- Always：没有依赖，任何情况下都可以执行。

4. Task Instance 的生命周期

Task Instance 从被创建出来到运行结束会经历多种状态的转移。图 4-11 描绘了 Task Instance 的生命周期。

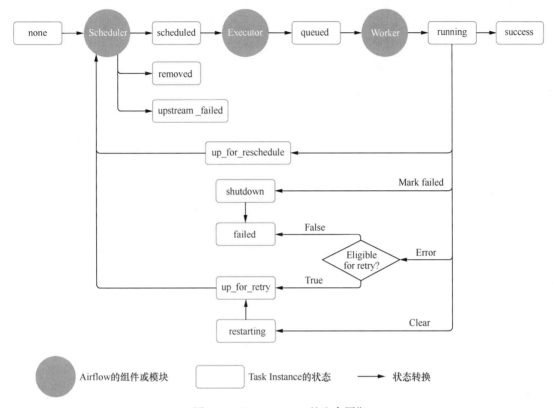

图 4-11 Task Instance 的生命周期

Task Instance 从被创建到生命周期结束的整个流程如下。

（1）刚被创建时的状态是 none。

（2）Scheduler 进行调度前的检查。如果发现 Task 被从 DAG 中移除了（用户修改了 DAG 文件），那么会把 Task Instance 的状态改成 removed。如果依赖的上游 Task Instance 失败了，那么会把 Task Instance 的状态改成 upstream_failed。如果一切检查没问题，那么 Task Instance 会进入 scheduled 状态。

（3）Executor 在资源足够的情况下会提交 Task 的运行指令，这时 Task Instance 的状态从 scheduled 转变成 queued。

（4）Worker 负责执行 Executor 提交的指令，将 Task Instance 的状态改为 running。

（5）如果运行成功，Task Instance 的状态变成 success。如果运行失败，那么分两种情况。假设 Task 配置了 retry 且 retry 的次数没有用完，则状态变成 up_for_retry，由 Scheduler 重新调度，否则变成 failed。

（6） Airflow 允许手动对 Task Instance 做一些操作以修改它的状态。Mark success 会把状态改成 success。Mark failed 会把状态先改成 shutdown，再改成 failed。Clear 会把状态先改成 restarting，再改成 up_for_retry。

（7） reschedule mode 的 Sensor 和其他 Task 略有不同，它的 Task Instance 在 running 状态时，Worker 上运行的是一个 check。如果 check 失败，则 Task Instance 会进入 up_for_reschedule 状态，从而释放资源。

4.4　本章小结

本章归纳和总结了 Airflow 的核心概念，包括 DAG、Task、DAG Run 和 Task Instance。想要用好 Airflow，对这部分内容的深入理解是尤为关键的。当然，除了核心概念之外，Airflow 还有许多其他的概念，这正是第 5 章将要探讨的内容。

第 5 章　其他概念

在第 4 章中我们讲解了 Airflow 中比较重要的一组概念，包括 DAG、Task、DAG Run 以及 Task Instance，除了这些核心概念之外，Airflow 还有很多其他的概念。本章将对其他的相关概念（如 XCom、Variable、Connection 和 Hook、Pool、Priority Weight、Cluster Policy、Deferrable Operator 和 Trigger 等）进行介绍。

5.1　XCom

在 Airflow 中，一个 DAG 可能包含多个 Task，Task 之间存在依赖关系，组合在一起共同完成一项复杂的工作。有时 Task 之间并不需要"交流"，而在另外一些情况下，下游的 Task 依赖上游 Task 的输出，此时就需要用到 XCom 了。本节首先交代 XCom 的使用场景，然后通过一个示例介绍 XCom 的使用方法。

5.1.1　XCom 的使用场景

XCom 是 cross-communications 的缩写，顾名思义，它是用来在 Task 之间传递消息的机制。需要指出的是，XCom 只适用于数据量比较小的场景。如果要在 Task 之间传递大量的数据，采用共享文件系统或者数据库等其他策略更合适。

5.1.2　如何使用 XCom

对 XCom 的操作分为两种——把数据存入 XCom 和从 XCom 取出数据。把数据存入 XCom 的函数是 xcom_push，从 XCom 取出数据的函数是 xcom_pull。上游 Task 调用 xcom_push 将结果推送出去，下游 Task 调用 xcom_pull 取回上游 Task 的结果。

代码清单 5-1 是一个完整的通过 XCom 在上下游 Task 之间传递消息的示例。

代码清单 5-1　使用 XCom 传递消息

```python
"""Example DAG demonstrating the usage of XComs."""
from airflow import DAG
from airflow.operators.python import PythonOperator
from airflow.utils.dates import days_ago

dag = DAG(
    'example_xcom',
    schedule_interval="@once",
    start_date=days_ago(2),
    default_args={'owner': 'airflow'},
    tags=['example'],
)

value_1 = [1, 2, 3]
value_2 = {'a': 'b'}


def push(**kwargs):
    """Pushes an XCom without a specific target"""
    kwargs['ti'].xcom_push(key='value from pusher 1', value=value_1)


def push_by_returning(**kwargs):
    """Pushes an XCom without a specific target, just by returning it"""
    return value_2


def puller(**kwargs):
    """Pull all previously pushed XComs and check if the pushed values match the pulled values."""
    ti = kwargs['ti']

    # get value_1
    pulled_value_1 = ti.xcom_pull(key=None, task_ids='push')
    if pulled_value_1 != value_1:
        raise ValueError(f'The two values differ {pulled_value_1} and {value_1}')

    # get value_2
    pulled_value_2 = ti.xcom_pull(task_ids='push_by_returning')
    if pulled_value_2 != value_2:
        raise ValueError(f'The two values differ {pulled_value_2} and {value_2}')

    # get both value_1 and value_2
    pulled_value_1, pulled_value_2 = ti.xcom_pull(key=None, task_ids=['push',
```

```
'push_by_returning'])
    if pulled_value_1 != value_1:
        raise ValueError(f'The two values differ {pulled_value_1} and {value_1}')
    if pulled_value_2 != value_2:
        raise ValueError(f'The two values differ {pulled_value_2} and {value_2}')


push1 = PythonOperator(
    task_id='push',
    dag=dag,
    python_callable=push,
)

push2 = PythonOperator(
    task_id='push_by_returning',
    dag=dag,
    python_callable=push_by_returning,
)

pull = PythonOperator(
    task_id='puller',
    dag=dag,
    python_callable=puller,
)

pull << [push1, push2]
```

代码清单 5-1 用 PythonOperator 定义了 3 个 Task——两个上游 Task 用不同的方式调用 xcom_push 推送数据，一个下游 Task 调用 xcom_pull 拉取数据。两个上游 Task 中，task_id 为 push 的 Task 显式地调用了 xcom_push，与此形成对比的是，task_id 为 push_by_returning 的 Task 包含了对 xcom_push 函数的隐式调用。这是因为在 Airflow 中大多数 Operator 的 do_xcom_push 参数的值被默认设置为 True，在 do_xcom_push 为 True 的情况下，只要 Operator 的运行结果存在返回值，Airflow 都会自动将返回值用 XCom 存储。除了用 Operator 构造的 Task 以外，用 @task 装饰器构造的 Task 也会隐式调用 xcom_push。

5.2 Variable

Airflow 通过 Variable 功能来存储变量。虽然说可以直接将变量写在 DAG 中，但是，如果这么做，每次需要修改变量的值，就必须通过改动 DAG 文件来实现。此外，如果多个 DAG 都要用到同一个变量，那么多次重复定义也会显得比较臃肿，远远不如把变量存储在

Variable 中更加简洁和优雅。本节介绍 Variable 的配置方式和使用方法。

配置 Variable 的方式有通过 Webserver UI、通过环境变量和通过其他方式 3 种。

5.2.1 通过 Webserver UI 配置 Variable

单击 Airflow 的 Webserver UI 菜单栏中的 Admin，在下拉菜单中选择 Variables 命令，可以跳转到 Variable 列表页面，如图 5-1 所示。

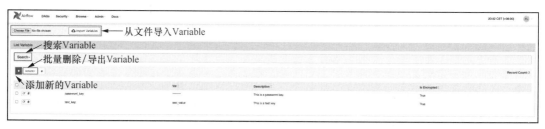

图 5-1　Webserver UI 的 Variable 列表

图 5-1 所示的页面列出了当前已经存在的 Variable，用户可以对这些 Variable 进行查找、编辑和删除操作。如果要新增 Variable，有两种选择：一种是单击加号按钮，添加单个 Variable；另一种是单击 Import Variables 按钮，从文件批量导入。单击加号按钮后会进入新增 Variable 的页面，如图 5-2 所示。

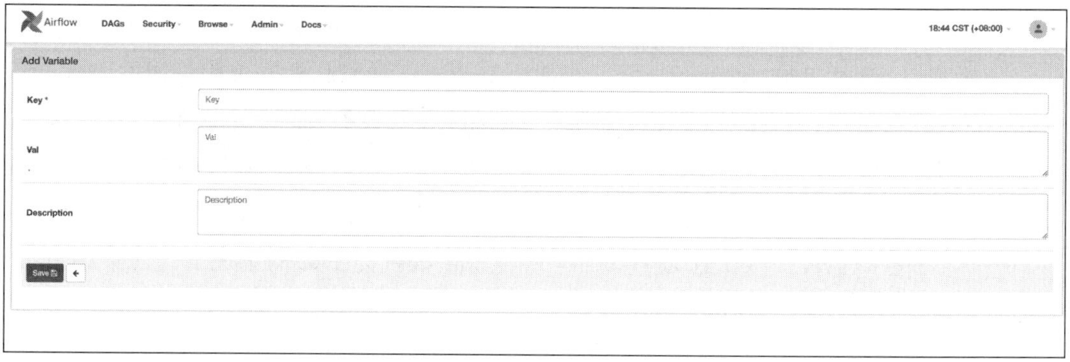

图 5-2　新增 Variable

图 5-2 所示的页面包含一个表单，表单的内容包括 Key、Val、Description，具体含义如下。

❑ Key 表示 Variable 的名字，是 Variable 的唯一标识符。

❑ Val 表示 Variable 的取值，Val 的内容是一个字符串。

❑ Description 表示一段描述性的文字，用来阐述 Variable 的用途、目的等。

首先将表单的内容填写好，然后单击 Save 按钮，即可完成新增 Variable 的操作。

 注意

Airflow 原生支持 JSON 格式的字符串。

如果要获取 Variable 的 Value，需要通过 Variable 类的 get 方法根据 Key 来查询，如代码清单 5-2 所示。

代码清单 5-2　获取 Variable 的 Value

```
from airflow.models import Variable

# Normal call style
foo = Variable.get("foo")

# Auto-deserializes a JSON value
bar = Variable.get("bar", deserialize_json=True)

# Returns the value of default_var (None) if the variable is not set
baz = Variable.get("baz", default_var=None)
```

代码清单 5-2 先后获取了 3 个 Variable 的 Value：由于第一个 Variable 的 Key 是 foo，因此在 Variable 的 get 方法中传入 foo 来获取 Value；由于第二个 Variable 的 Key 是 bar，Value 是一个 JSON 格式的字符串，因此在调用 Variable 的 get 方法时额外设置了 deserialize_json=True，以此告诉 Airflow 要反序列化 JSON；由于第三个 Variable 的 Key 是 baz，因此在 Variable 的 get 方法中不仅传入 baz，还设置 default_var=None，意思是，如果 Key=baz 的 Variable 不存在，则返回一个默认值 None。

通过 Webserver UI 配置 Variable 的方式会把 Variable 的数据用 Fernet 加密存储到元数据库，相对比较安全。

5.2.2　通过环境变量配置 Variable

环境变量的命名规范是 AIRFLOW_VAR_{VARIABLE_NAME}，英文字母全部为大写形式。花括号中的 VARIABLE_NAME 表示 Variable 的 Key。假如 Variable 的 Key 为 abc，那么对应的环境变量为 AIRFLOW_VAR_ABC。

下面的命令先后配置了两个环境变量：

```
export AIRFLOW_VAR_FOO=BAR

export AIRFLOW_VAR_FOO_BAZ='{"hello":"world"}'
```

第一个环境变量为 AIRFLOW_VAR_FOO，它定义了一个 Variable，Key 为 foo，Value 为 BAR。第二个环境变量为 AIRFLOW_VAR_FOO_BAZ，它定义了一个 Variable，Key 为 foo_baz，Value 是一个 JSON 格式的字符串 {"hello":"world"}。

 注意

通过环境变量的方式配置 Variable 只对一台机器生效。如果 Airflow 的组件分布在多台机器上，那么可能需要给每一台机器都配置环境变量。

如果要获取 Variable 的 Value，对于上面命令中的 Variable 应当这么获取：

```
from airflow.models import Variable
foo = Variable.get("foo")
foo_baz_json = Variable.get("foo_baz", deserialize_json=True)
```

5.2.3 通过其他方式配置 Variable

Variable 的配置方式根据 Variable 数据的存储位置不同而有所不同。

5.2.1 节介绍的方式将 Variable 数据存储在元数据库。针对利用元数据库保存 Variable 的数据，除了这种方式之外，还有两种——通过 Airflow CLI 或者 Airflow REST API 添加 Variable。5.2.2 节介绍的方式将 Variable 保存到环境变量。

另外，还有一种存放 Variable 数据的方式——Secrets Backend。Airflow 支持引入第三方依赖来存储 Variable 和 Connection，这些第三方依赖都属于 Secrets Backend。当前支持的 Secrets Backend 包括 Google Cloud Secret Manager 和 Hashicorp Vault Secrets，以及按照 Airflow 的接口自定义的 Secrets Backend。如果把 Variable 存储到 Secrets Backend 中，那么配置和使用 Variable 的方式由具体的 Secrets Backend 决定，这里不一一展开介绍。

Variable 数据的存储位置有 3 种，当我们使用 Key 去获取 Variable 时，Airflow 查找 Variable 的顺序是这样的：如果不存在 Secrets Backend，则先从环境变量查找，再从元数据库查找。如果存在 Secrets Backend，那么会优先查找 Secrets Backend，然后才是环境变量和元数据库。

5.3 Connection 和 Hook

设想这样一种情况，我们希望创建一个 Task，用于向 Hadoop Yarn 服务器提交 Job，那么

如何连接 Yarn 呢？更一般地，Airflow 作为调度系统，常常需要和各种外部系统交互，如何连接各个外部系统呢？在每个需要连接外部系统的 Task 中写一段连接逻辑是可行的，但是这样做既增加了开发的难度，又不利于后期维护。Airflow 选择将与各个外部系统的连接抽象成 Connection 和 Hook 这两个概念，从而给出了一个优雅的解决方案。Connection 维护的是连接信息，比如外部系统的访问地址、端口、用户名、密码等。Hook 提供根据连接信息构造具体连接对象的逻辑。本节会深入探讨 Airflow 的 Connection 和 Hook，先介绍概念和使用方法，再以 SSHHook 为例进行源代码级别的分析。

5.3.1 基本概念

图 5-3 展示了 Airflow 的 Task 如何连接其他外部系统。

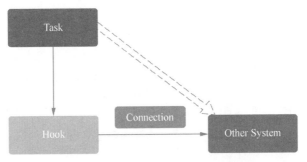

图 5-3 Task 连接其他外部系统示意图

在图 5-3 中，Task 对外部系统的访问是用虚线标注的，这代表 Task 不会直接连接外部系统。Task 通过 Hook 访问外部系统，如实线所示。Hook 封装了对外部系统的连接，它使用在 Connection 中定义的连接信息来创建连接对象，再把连接对象返回给 Task。不同的外部系统有不同的 Hook。比如，SSHHook 对应 SSH 服务器，JdbcHook 对应数据库服务器。所谓连接对象，其实就是一个用来访问外部系统的 Python 对象。这个对象，在 SSHHook 中是 paramiko.SSHClient，在 JdbcHook 中是 jaydebeapi.Connection。

Airflow 社区提供了与不同外部系统连接的多种 Hook，同时用户也可以定义自己的 Hook。

5.3.2 Connection 的配置

Connection 的配置与 Variable 的配置非常相似。根据数据的存储位置不同，可以分成 3 类配置方式：第一类是把数据存储到元数据库；第二类是把数据存储到环境变量；第三类是把数据存储到 Secrets Backend。

1. 把数据存储到元数据库的配置方式

通过 Webserver UI、Airflow CLI，抑或是 Airflow REST API 配置 Connection，Connection 的数据会被存储到元数据库。

单击 Airflow 的 Webserver UI 菜单栏中的 Admin，在下拉菜单中选择 Connections 命令，可以跳转到 Connection 列表页面，如图 5-4 所示。

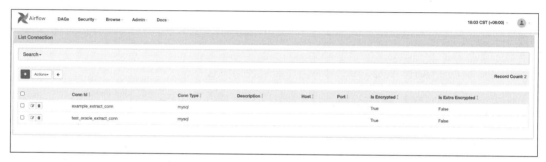

图 5-4　Webserver UI 的 Connection 列表

图 5-4 所示的页面列出了当前已经存在的 Connection，用户可以对这些 Connection 进行查找、编辑和删除操作。另外，单击加号按钮后会进入新增 Connection 的页面，如图 5-5 所示。

图 5-5　新增 Connection

图 5-5 所示的页面包含一个表单，表单的内容包括 Connection Id、Connection Type、Description、Host、Schema、Login、Password、Port 和 Extra，具体含义如下。

- Connection Id 表示 Connection 的 Id，是 Connection 的唯一标识符。
- Connection Type 表示 Connection 的类型，包括 Email、FTP、MySQL 和 SSH 等，需要根据具体的外部系统进行选择。例如，要连接 MySQL 数据库，Connection Type 就应该选择 MySQL。Connection Type 与 Hook 是相关联的，每一种 Connection Type 都有专门的 Hook 与之对应。Connection Type 为 MySQL 的 Connection 由 MySqlHook 负责处理。
- Description 表示一段描述性的文字，用来阐述 Connection 的用途、目的等。
- Host 表示外部系统的地址。
- Schema 表示访问外部系统的模式，如果要连接 MySQL 数据库，则应该填写 MySQL 数据库的名字。
- Login 表示访问外部系统的用户名。
- Password 表示访问外部系统的密码。
- Port 表示访问外部系统的端口。
- Extra 表示其他的信息。对于 MySQL 数据库来说，Extra 中可以存放的信息包括 charset、ssl cert 和 ssl key 等。

首先将表单的内容填写好，然后单击 Save 按钮，即可完成新增 Connection 的操作。

使用 Airflow CLI 和 Airflow REST API 同样可以添加新的 Connection，这里不再赘述。

2. 把数据存储到环境变量的配置方式

使用环境变量配置 Connection，需要符合这样的命名规范：AIRFLOW_CONN_{CONN_ID}，即英文字母全部为大写形式。花括号中的 CONN_ID 表示 Connection 的 Id。

下面的 export 命令设置了一个名为 AIRFLOW_CONN_MY_DATABASE 的环境变量：

```
export AIRFLOW_CONN_MY_DATABASE='my-conn-type://login:password@host:port/schema?param1=val1&param2=val2'
```

上面的环境变量表示的 Connection 的 Id 为 my_database。环境变量的值是一个字符串"my-conn-type://login:password@host:port/schema?param1=val1&param2=val2"，其中包含了 Connection 的全部信息。我们把字符串按照"://""：""@""/""?""&"等分隔符进行分割，可以得到 my-conn-type、login、password、host、port、schema、param1=val1 和 param2=val2。my-conn-type 对应 Connection 的 Connection Type，login 对应 Connection 的 Login，password 对

应 Connection 的 Password，host 对应 Connection 的 Host，port 对应 Connection 的 Port，schema 对应 Connection 的 Schema，param1=val1 和 param2=val2 对应 Connection 的 Extra。

3. 把数据保存到 Secrets Backend 的配置方式

如果把 Connection 存储到 Secrets Backend，那么配置 Connection 的方式由具体的 Secrets Backend 决定，这里不一一展开介绍。

5.3.3　Connection 和 Hook 的使用

接下来以 SSHOperator 为例，看看如何在 Operator 中使用 Connection 和 Hook。

假设我们已经按照 5.3.2 节的方法配置了一个 Connection——ssh_test。代码清单 5-3 展示了一种在 SSHOperator 中使用 ssh_test 的方法。

代码清单 5-3　在 SSHOperator 中使用 Connection ssh_test（一）

```
ssh_hook = SSHHook(ssh_conn_id='ssh_test')

t1 = SSHOperator(
    ssh_hook=ssh_hook,
    task_id='test_echo',
    command=t1_bash,
    dag=dag
)
```

代码清单 5-3 先根据 Connection ssh_test 构造出一个 SSHHook——ssh_hook，再用 ssh_hook 构造 SSHOperator。

代码清单 5-4 展示了另一种更简单的用法。

代码清单 5-4　在 SSHOperator 中使用 Connection ssh_test（二）

```
t1 = SSHOperator(
    ssh_conn_id='ssh_test',
    task_id='test_echo',
    command=t1_bash,
    dag=dag
)
```

代码清单 5-4 在 SSHOperator 的构造器中直接使用 Connecion ssh_test，这种方法看似没有使用 Hook，实际上 SSHOperator 包含如下代码：

```
if self.ssh_conn_id:
    if self.ssh_hook and isinstance(self.ssh_hook, SSHHook):
```

```
            self.log.info("ssh_conn_id is ignored when ssh_hook is provided.")
        else:
            self.log.info(
                "ssh_hook is not provided or invalid. Trying ssh_conn_id to create
SSHHook."
            )
            self.ssh_hook = SSHHook(ssh_conn_id=self.ssh_conn_id, timeout=self.timeout)
```

代码清单 5-4 包含一个判断逻辑：当 ssh_conn_id 存在而 ssh_hook 不存在时，会使用 ssh_conn_id 来构造 SSHHook。所以，本质上还是依赖 SSHHook 来访问远端 SSH 服务器。

5.3.4　SSHHook 源代码分析

SSHHook 的代码逻辑主要分为两部分。

第一部分，从 Connection 中获得建立 SSH 连接的必要信息，如代码清单 5-5 所示。

代码清单 5-5　SSHHook 从 Connection 中获得建立 SSH 连接的必要信息

```
        # Use connection to override defaults
        if self.ssh_conn_id is not None:
            conn = self.get_connection(self.ssh_conn_id)
            if self.username is None:
                self.username = conn.login
            if self.password is None:
                self.password = conn.password
            if self.remote_host is None:
                self.remote_host = conn.host
            if self.port is None:
                self.port = conn.port
            if conn.extra is not None:
                extra_options = conn.extra_dejson
            ...
```

第二部分，调用 paramiko 类库的方法来创建 SSHClient，如代码清单 5-6 所示。

代码清单 5-6　SSHHook 创建 SSHClient

```
    def get_conn(self) -> paramiko.SSHClient:
        """
        Opens a ssh connection to the remote host.

        :rtype: paramiko.client.SSHClient
```

```
    """
    self.log.debug('Creating SSH client for conn_id: %s', self.ssh_conn_id)
    client = paramiko.SSHClient()
...
    client.connect(**connect_kwargs)
...
    self.client = client
    return client
```

5.4 Pool

如果 Airflow 集群配置的资源比较多，那么可以允许比较多的 Task 同时运行。如果 Airflow 集群配置的资源比较少，那么应当尽量让比较少的 Task 同时运行。由于同时运行的 Task 的数量超出资源限制后会带来各种各样的问题，因此 Airflow 提供了 Pool，用来限制同时运行的 Task 的数量。本节旨在阐述这一概念。

5.4.1 Pool 的设置

单击 Airflow 的 Webserver UI 菜单栏中的 Admin，在下拉菜单中选择 Pools 命令，可以跳转到 Pool 列表页面，如图 5-6 所示。

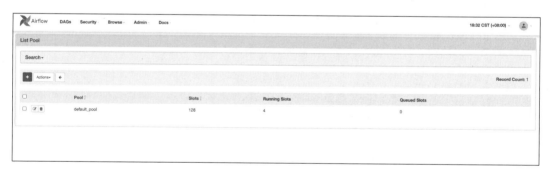

图 5-6　Webserver UI 的 Pool 列表

图 5-6 中有一个名为 default_pool 的 Pool。这是 Airflow 预先创建的 Pool。如果用户不显式指定 Task 的 Pool，那么这个 Task 就归属于 default_pool。单击图中的加号按钮后会进入新增 Pool 的页面，如图 5-7 所示。

图 5-7 新增 Pool

图 5-7 所示的页面包含一个表单，表单的内容包括 Pool、Slots 和 Description，具体含义如下。

- Pool 表示 Pool 的名字，是 Pool 的唯一标识符。
- Slots 表示某个 Pool 中所有的 Task 共享的配额。一旦运行某个 Task，就会扣除它所占用的配额。在 Task 运行结束之后归还扣除的配额。如果一个 Pool 的配额被正在运行的 Task 全部占用了，那么归属于这个 Pool 的其他 Task 必须等待。
- Description 表示一段描述性的文字，用来阐述 Pool 的用途、目的等。

首先将表单的内容填写好，然后单击 Save 按钮，即可完成新增 Pool 的操作。

5.4.2　Pool 的使用

为 Task 指定 Pool 是通过在定义 Task 的时候使用 pool 参数实现的。代码清单 5-7 给出了一个示例。

代码清单 5-7　为 Task 指定 Pool

```
t1 = BashOperator(
    task_id='task_with_pool',
    pool='pool1',
    bash_command='date',
    dag=dag
)
```

代码清单 5-7 中 Task t1 的 Pool 为 pool1。

Task 的配置参数中与 Pool 有关的参数还有一个——pool_slots，它代表 Task 运行时要占用多少 Slots，默认值为 1。同属一个 Pool 的 Task 占用的资源可能多少不一，最好为实际占用资源多的 Task 定义较大的 pool_slots，为实际占用资源少的 Task 定义较小的 pool_slots。

5.5　Priority Weight

假设多个 Task 需要运行，而 Airflow 集群资源有限，此时只能有一部分 Task 先运行，剩下的 Task 要等资源释放出来之后再运行。这是通过 Pool 来限制的。那么，具体让哪一部分 Task 先运行呢？这涉及 Task 之间的优先级（权重）排序，在 Airflow 中是通过 Priority Weight 来实现的。

Priority Weight 代表 Task 的权重。每个 Task 都有一个权重，在资源有限的时候权重高的 Task 优先运行。那么，这个权重要怎么配置呢？代码清单 5-8 给出了一个示例。

代码清单 5-8　为 Task 配置 Priority Weight

```
t1 = DummyOperator(
    task_id="task_with_priority_weight",
    pool="pool1",
    pool_slots=3,
    priority_weight=10,
    dag=dag
)
```

Task 的配置参数中有一个 priority_weight，它负责控制 Task 的权重，默认值是 1。代码清单 5-8 中的 Task t1 把 priority_weight 配置成 10，那是否代表 Task t1 的权重就是 10 呢？实际上不是这样的。Task 真正的权重是由 priority_weight 参数和 weight_rule 参数一起决定的。

weight_rule 参数的取值包括以下 3 种。

- Downstream：一个 Task 的权重等于所有的下游 Task 权重的加和。这也是 weight_rule 的默认值。如果有多个 DAG Run 同时运行，当我们希望所有的 DAG Run 的上游 Task Instance 被优先调度，然后再继续调度各自的下游 Task Instance 时，推荐用这个配置。
- Upstream：和 Downstream 相反，一个 Task 的权重等于所有的上游 Task 权重的加和。采用这种配置，说明我们倾向于让已经开始运行的 DAG Run 全部运行结束，而不是启动一个新的 DAG Run。
- Absolute：一个 Task 的权重和上下游都没有关系，完全等于自身的 priority_weight。这个选项一般在我们非常清楚每个 Task 的权重要怎么配置时使用。此外，对于特别大的 DAG，该选项还有助于加速 Task 创建的流程。

5.6　Cluster Policy

一个 Airflow 集群中可能存在大量的 DAG 和 Task，如何在集群级别对所有的 DAG 和

Task 进行管理是一个值得考虑的问题，特别是当集群被不同的用户共享时。一个很通用的需求是：我们希望所有的 DAG 和 Task 都符合一定的规范。这可以通过 Cluster Policy 机制解决。本节介绍 Cluster Policy 的使用场景和类型。

5.6.1 Cluster Policy 的使用场景和类型

Cluster Policy 包含以下使用场景。
- 校验所有的 DAG 和 Task 都符合指定的规范。
- 强制配置 DAG 和 Task 的参数。
- 改变 Task Instance 的路由。

一共有 3 种类型的 Cluster Policy。
- dag_policy：对 DAG 生效，在 DAG 加载时 Airflow 会对 DAG 应用 dag_policy。
- task_policy：对 Task 生效，在 DAG 加载时 Airflow 会对 Task 应用 task_policy。
- task_instance_mutation_hook：对 Task Instance 生效，Airflow 会在 Task 执行之前应用。

5.6.2 具体示例

要定义 Cluster Policy，一般推荐在 AIRFLOW_HOME 的 config 目录下添加一个 airflow_local_settings.py 文件，在该文件中通过不同的 Python 方法可以定义不同的 policy。

代码清单 5-9 是一个使用 dag_policy 的示例。

代码清单 5-9　使用 dag_policy

```python
def dag_policy(dag: DAG):
    """Ensure that DAG has at least one tag"""
    if not dag.tags:
        raise AirflowClusterPolicyViolation(
            f"DAG {dag.dag_id} has no tags. At least one tag required. File path: {dag.filepath}"
        )
```

代码清单 5-9 会校验 DAG 必须至少包含一个 tag。如果有 DAG 不符合要求，则抛出异常。

代码清单 5-10 是一个使用 task_policy 的示例。

代码清单 5-10　使用 task_policy

```python
def task_policy(task: BaseOperator):
    if task.task_type == 'HivePartitionSensor':
        task.queue = "sensor_queue"
```

```
        if task.timeout > timedelta(hours=48):
            task.timeout = timedelta(hours=48)
```

代码清单 5-10 强制指定所有的 Task 的 timeout 参数不能超过 48h，如果超过 48h，则被改写成 48h。

代码清单 5-11 是一个使用 task_instance_mutation_hook 的示例。

代码清单 5-11　使用 task_instance_mutation_hook

```
def task_instance_mutation_hook(task_instance: TaskInstance):
    if task_instance.try_number >= 1:
        task_instance.queue = 'retry_queue'
```

在代码清单 5-11 中，Task 重试时会改变 Task Instance 的 queue，让它在 retry_queue 中运行。

5.7　Deferrable Operator 和 Trigger

在第 4 章介绍 Sensor 类型的 Task 时，我们分析了 Sensor 的两种工作模式——poke mode 和 reschedule mode。运行在 poke mode 时，由于不会释放两次 check 的间隙资源，因此 poke mode 常常会导致资源浪费。reschedule mode 可以在一定程度上解决 poke mode 的问题，但还是不够灵活。处于 reschedule mode 的 Sensor 会被周期性唤起，虽然两次 check 之间不会占用资源，但是每次 check 的过程会占用资源。如果有一种方式，可以让 Task 一直挂起，等到条件就绪后，再主动通知 Task 恢复执行就好了。Deferrable Operator 和 Trigger 正是采用这种方式工作的。

Deferrable Operator 是一种特殊的 Operator，它可以将自己挂起，从而释放资源。Deferrable Operator 从挂起的状态退出依赖于 Trigger，当它收到 Trigger 的信号时，会恢复执行。

Trigger 是很小的可异步执行的 Python 代码块。它运行在 Triggerer 进程中，当 Trigger 发现满足 check 的条件后，会将 Deferrable Operator 唤起以便继续执行。

5.7.1　使用 Deferrable Operator 和 Trigger

Airflow 内置了很多 Deferrable Operator 和 Trigger。Deferrable Operator 的示例有 TimeSensorAsync 和 DateTimeSensorAsync 等。Trigger 的示例有 DateTimeTrigger 和 TimeDeltaTrigger 等。Airflow 也支持自定义 Deferrable Operator 和 Trigger。但是，不管是使用 Airflow 内置的 Deferrable Operator 和 Trigger，还是自定义的 Deferrable Operator 和 Trigger，都有一个前提

条件：集群中存在 Triggerer 组件。在安装 Airflow 的机器上使用下面的命令即可启动一个 Triggerer 进程：

```
airflow triggerer
```

5.7.2　从源代码分析 Deferrable Operator 和 Trigger

自定义 Deferrable Operator 和 Trigger 是一件较为复杂的事情。我们通过 Airflow 内部的 TimeSensorAsync 和 DateTimeTrigger 来学习 Deferrable Operator 和 Trigger 的写法。

代码清单 5-12 展示了 TimeSensorAsync 的源代码。

代码清单 5-12　TimeSensorAsync 的源代码

```
class TimeSensorAsync(BaseSensorOperator):
    """
    Waits until the specified time of the day, freeing up a worker slot while
    it is waiting.

    :param target_time: time after which the job succeeds
    :type target_time: datetime.time
    """

    def __init__(self, *, target_time, **kwargs):
        super().__init__(**kwargs)
        self.target_time = target_time

        self.target_datetime = timezone.coerce_datetime(
            datetime.datetime.combine(datetime.datetime.today(), self.target_time)
        )

    def execute(self, context):
        self.defer(
            trigger=DateTimeTrigger(moment=self.target_datetime),
            method_name="execute_complete",
        )

    def execute_complete(self, context, event=None):  # pylint: disable=unused-argument
        """Callback for when the trigger fires - returns immediately."""
        return None
```

TimeSensorAsync 的核心逻辑在 execute 函数中。在这个函数中，defer 函数被调用，参数是 trigger 和 method_name。trigger 被配置为一个 DateTimeTrigger 对象，这就是用来唤起 TimeSensorAsync 的 Trigger。method_name 被配置为 execute_complete，这是 TimeSensorAsync

的一个函数名，这个函数名代表的函数将作为回调函数，在 TimeSensorAsync 被唤起后调用。在 TimeSensorAsync 的示例中，execute_complete 函数会直接返回 None。

TimeSensorAsync 依赖 DateTimeTrigger 唤起，那么 DateTimeTrigger 是怎么实现的呢？代码清单 5-13 展示了 DateTimeTrigger 的源代码。

代码清单 5-13　DateTimeTrigger 的源代码

```
class DateTimeTrigger(BaseTrigger):
    """
    A trigger that fires exactly once, at the given datetime, give or take
    a few seconds.

    The provided datetime MUST be in UTC.
    """

    def __init__(self, moment: datetime.datetime):
        super().__init__()
        if not isinstance(moment, datetime.datetime):
            raise TypeError(f"Expected datetime.datetime type for moment. Got {type(moment)}")
        # Make sure it's in UTC
        elif moment.tzinfo is None:
            raise ValueError("You cannot pass naive datetimes")
        elif not hasattr(moment.tzinfo, "offset") or moment.tzinfo.offset != 0:
            raise ValueError(f"The passed datetime must be using Pendulum's UTC, not {moment.tzinfo!r}")
        else:
            self.moment = moment

    def serialize(self) -> Tuple[str, Dict[str, Any]]:
        return ("airflow.triggers.temporal.DateTimeTrigger", {"moment": self.moment})

    async def run(self):
        """
        Simple time delay loop until the relevant time is met.

        We do have a two-phase delay to save some cycles, but sleeping is so
        cheap anyway that it's pretty loose. We also don't just sleep for
        "the number of seconds until the time" in case the system clock changes
        unexpectedly, or handles a DST change poorly.
        """
        # Sleep an hour at a time while it's more than 2 hours away
        while (self.moment - timezone.utcnow()).total_seconds() > 2 * 3600:
            await asyncio.sleep(3600)
```

```
# Sleep a second at a time otherwise
while self.moment > timezone.utcnow():
    await asyncio.sleep(1)
# Send our single event and then we're done
yield TriggerEvent(self.moment)
```

DateTimeTrigger 的 serialize 函数跟 __init__ 函数是一对，它们分别提供了 DateTimeTrigger 的序列化和反序列化方法。当 TimeSensorAsync 在 Airflow Worker 上第一次执行时，DateTime-Trigger 的 __init__ 函数被调用，创建了 DateTimeTrigger 对象。随后，DateTimeTrigger 对象被序列化（调用 serialize 函数）后提交到 Triggerer，再被反序列化（调用 __init__ 函数）成 DateTimeTrigger 对象。最后执行 DateTimeTrigger 对象的 run 函数——一个异步函数：当条件不满足时，会调用 asyncio.sleep 进入等待；当条件满足时，会触发一个 Event，从而唤起 TimeSensorAsync。

5.8　本章小结

本章总结了 Airflow 中 DAG 以外的其他概念，包括 XCom、Variable、Connection 和 Hook、Pool、Priority Weight、Cluster Policy、Deferrable Operator 和 Trigger。至此，Airflow 的全部概念介绍完毕。第 6 章将会探讨 Airflow 的架构和组件。Airflow 有一套通用的、抽象的架构，但是，如果深入具体的 Executor，那么根据 Executor 的不同，具体的架构会有所差异。无论是什么样的架构，Scheduler 和 Webserver 都是不可或缺的组件。因此，加深对这两个组件的理解是非常有必要的。除了 Scheduler 和 Webserver 之外，Airflow 还有一个非必要的组件——Triggerer，它是使用 Deferrable Operator 和 Trigger 的前提条件。

第 6 章 架构和组件

首先，本章介绍 Airflow 的通用架构，这个架构是与 Executor 无关的抽象架构，方便读者从宏观的角度了解和认识 Airflow。其次，介绍 Airflow 的核心组件之一——Scheduler，它负责解析 DAG 文件、调度 DAG 和 Task 以及调用 Executor 运行 Task Instance。在这一部分内容中，读者将会了解 Executor 对具体架构的影响。根据 Executor 的不同，Airflow 的具体架构会有所不同。然后，介绍 Airflow 的另一个核心组件——Webserver，它提供了 UI 和一系列 REST API。最后，介绍 Triggerer，它不是必需的组件——只有使用 Deferrable Operator 和 Trigger 功能时，Triggerer 才是必需的。

6.1 架构

Airflow 的架构如图 6-1 所示。

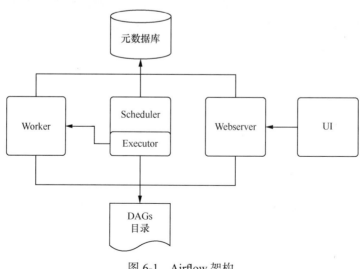

图 6-1　Airflow 架构

从图 6-1 可以看出，Airflow 的架构包含以下部分。

- 元数据库：用于存放元数据。Scheduler、Webserver、Executor、Worker 都会访问这个数据库。在生产环境中，一般使用 MySQL 或者 PostgresSQL。
- DAGs 目录：用于存放 DAG 文件。Scheduler、Webserver、Executor、Worker 都会读取这个目录。
- Scheduler：负责解析 DAG 文件、调度 DAG 和 Task 以及调用 Executor 运行 Task Instance。6.2 节会详细展开介绍。
- Webserver：提供 UI，此外还提供一系列 REST API。6.3 节会详细展开介绍。
- Executor：负责运行 Task。Executor 的类型有两种：一种是 Local Executor，它们只会在 Scheduler 所在的机器上运行 Task，故此得名；另一种是 Remote Executor，它会把 Task 提交到远端的机器上运行，远端机器上负责运行 Task 的程序就是 Worker。考虑到生产环境对吞吐量、延迟等有较高的要求，使用 Remote Executor 是必然的。Executor 是 Scheduler 的一个模块，因为其具有非常重要的地位，所以图 6-1 将其单独列出。6.2.3 节将具体分析 Executor。
- Worker：只有当 Executor 选用某种 Remote Executor 时才会存在 Worker。Remote Executor 和 Worker 的关系是生产者和消费者的关系。Remote Executor 是生产者，负责提交 Task。Worker 是消费者，负责运行 Task。显然，通过增加 Worker 的数量可以提高集群的性能。Worker 并不是 Airflow 的组件，Airflow 依赖其他的软件或者框架实现 Worker 的功能。在本书中，我们将这样的软件或者框架称为 Executor 的后端。不同的 Executor 后端，还会引入各种不同的组件，这导致 Airflow 具体架构的不同。6.2.3 节将详细论述这部分内容。

6.2 Scheduler

6.2.1 解析 DAG 文件

DAG 文件解析是由 Scheduler 中的 DagFileProcessorManager 模块负责的。DagFileProcessor-Manager 是一个无限循环的进程，它周期性地寻找新的 DAG 文件，为每一个 DAG 文件创建一个 DagFileProcessorProcess 进程，由后者将 DAG 文件转化为 DAG 对象。图 6-2 清晰地展示了 DagFileProcessorManager 的工作流程。

图 6-2　DagFileProcessorManager 的工作流程

6.2.2　调度 DAG 和 Task

调度 DAG 和 Task 是由 Scheduler 中的 SchedulerJob 模块负责的。与 DagFileProcessor-Manager 相似，SchedulerJob 同样是一个无限循环的进程。图 6-3 省略了一部分细节，从一个较高的层面展示了 SchedulerJob 在循环中做的事情。

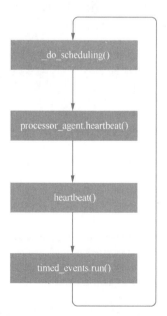

图 6-3　SchedulerJob 的工作流程

SchedulerJob 首先做的事情是调用 _do_scheduling()，这一步将在后面的内容中详细分析。其次是调用函数 processor_agent.heartbeat()，目的是确保 6.2.1 节提到的解析 DAG 文件的进程（DagFileProcessorManager）是存活的，如果 DagFileProcessorManager 进程失败，这里会重启它。然后是调用函数 heartbeat()，它负责发送 Scheduler 的心跳包，当 Scheduler 发生异常时，将不会调用 heartbeat() 函数，此时从 Webserver 的 UI 上就能看到 Scheduler 不能工作的相关提示信息。最后是调用函数 timed_events.run()，它会进行一系列清理和状态修复操作，以确保集群健康。

回到 _do_scheduling() 函数，这是 SchedulerJob 的重中之重，其核心源代码如代码清单 6-1 所示。

代码清单 6-1　_do_scheduling() 函数的核心源代码（只保留关键步骤）

```
self._create_dagruns_for_dags(guard, session)

self._start_queued_dagruns(session)

dag_runs = self._get_next_dagruns_to_examine(DagRunState.RUNNING, session)

for dag_run in dag_runs:
    self._schedule_dag_run(dag_run, session)

num_queued_tis = self._critical_section_execute_task_instances(session=session)
```

代码清单 6-1 所示的核心源代码分为 5 个步骤，接下来逐一分析。

步骤 1　对应的代码为：

```
self._create_dagruns_for_dags(guard, session)
```

这一步会检测所有的 DAG，为每个需要被调度的 DAG 创建 DAG Run。对于一个 schedule_interval 为 1 天的 DAG，在上一个 DAG Run 创建 1 天之后，就是创建一个新的 DAG Run 的时机。

步骤 2　对应的代码为：

```
self._start_queued_dagruns(session)
```

这一步会检测所有处于 queued 状态的 DAG Run，如果没有达到并发调度的上限（由 [core] section 的 max_active_runs_per_dag 配置决定），则把 DAG Run 的状态改为 running。

步骤 3　对应的代码为：

```
dag_runs = self._get_next_dagruns_to_examine(DagRunState.RUNNING, session)
```

这一步会将选出的一部分 running 状态的 DAG Run 给后续的步骤使用。如果有多个 Scheduler，它们执行到这里时会通过行级锁实现互斥，避免同一个 DAG Run 被多个

Scheduler 调度。另外，[scheduler] section 的 max_dagruns_per_loop_to_schedule 配置决定了单次处理的 DAG Run 数量上限。如果有超过上限数量的 DAG Run 等待调度，则优先选出其中时间戳比较旧的。

步骤 4 对应的代码为：

```
for dag_run in dag_runs:
    self._schedule_dag_run(dag_run, session)
```

这一步会检查每一个被选出的 DAG Run，计算出它包含的可以被调度的 Task Instance，同时将对应 Task Instance 的状态改为 scheduled。通常来说，上游的 Task Instance 执行成功后，就可以调度下游的 Task Instance 了。

步骤 5 对应的代码为：

```
num_queued_tis = self._critical_section_execute_task_instances(session=session)
```

这一步会检查所有处于 scheduled 状态的 Task Instance，将它们发送给 Executor 并执行，同时将 Task Instance 的状态改为 queued。

6.2.3 运行 Task Instance

运行 Task Instance 是由 Scheduler 中的 Executor 模块负责的。当 Executor 提交 Task Instance 运行后，它会把 Task Instance 的状态改为 running。后续如果运行成功，则会把 Task Instance 的状态改为 success；如果运行不成功，则会把 Task Instance 的状态改为 failed。

Executor 的实现有很多，Airflow 中具体使用哪一个 Executor 是通过 [core] section 的 executor 配置项指定的。Executor 有两种类型——Local Executor 和 Remote Executor。下面介绍 3 种 Local Executor 和 4 种 Remote Executor。

3 种 Local Executor 如下。

- Debug Executor：可以在 IDE 中运行，方便调试 DAG。
- Local Executor：会在 Scheduler 进程之外再启动若干个进程，以便运行 Task Instance，启动额外进程的行为是由 parallelism 参数控制的。当 parallelism=0 时，运行每个 Task Instance 都会临时创建一个新的进程，Task Instance 运行结束后进程销毁；当 parallelism>0 时，Local Executor 会预先启动 parallelism 个进程，这些进程会一直活跃，在处理完一个 Task Instance 之后继续处理下一个 Task Instance。
- Sequential Executor：是 Airflow 的默认 Executor。一次只能运行一个 Task Instance。Sequential Executor 可以被认为是 parallelism=1 的 Local Executor。

4 种 Remote Executor 如下。

1）Celery Executor

图 6-4 展示了基于 Celery Executor 的 Airflow 架构。

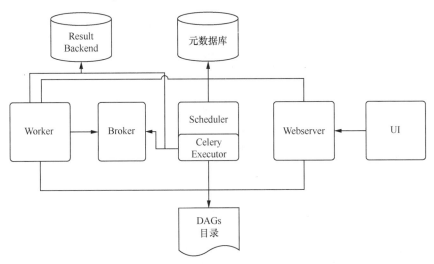

图 6-4　Airflow 架构（基于 Celery Executor）

Celery Executor 实际上是把 Task Instance 提交给 Celery 进行处理。

Celery 是一个分布式任务队列。它的工作原理是：客户端把任务提交到 Broker，Broker 再把任务发布给各个 Worker，Worker 进程运行任务，并把结果和状态信息写入 Result Backend。

在 Airflow 中，Celery 的客户端显然是 Celery Executor，它把 Airflow 的 Task Instance 作为 Celery 的任务提交，并且通过 Result Backend 获得 Task Instance 的状态信息。

2）Kubernetes Executor

图 6-5 展示了基于 Kubernetes Executor 的 Airflow 架构。

Kubernetes Executor 实际上做了两件事：首先通知 Kubernetes 动态创建一个新的 Worker Pod，然后在新建的 Worker Pod 中运行 Task Instance。

值得注意的是，新建的 Pod 在运行 Task Instance 之后会被销毁，这样做的好处是显而易见的：Kubernetes 上消耗的资源可以根据 Task Instance 的数量动态分配，当 Task Instance 的数量多时，可以分配更多的资源；当 Task Instance 的数量少时，可以释放资源，从而用到其他地方，不会造成资源浪费。但这样做也不是没有坏处，新建 Pod 是一个相对比较重的操作，这会带来两个问题：一是会有额外的时间开销，造成 Task Instance 的执行时间变长；二是新建 Pod 并不是总能成功的，有可能受临时的环境问题影响而失败，Task Instance 存在无法执行的风险。

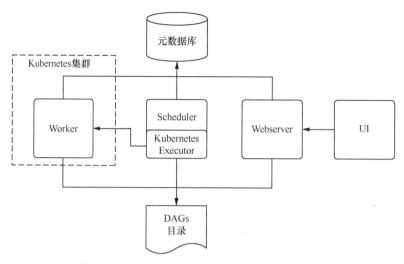

图 6-5　Airflow 架构（基于 Kubernetes Executor）

3）CeleryKubernetes Executor

顾名思义，CeleryKubernetes Executor 是 Celery Executor 和 Kubernetes Executor 的并集。使用 CeleryKubernetes Executor 意味着 Celery Executor 和 Kubernetes Executor 同时工作。对某个 Task Instance 来说，由 Task 的 queue 参数决定执行哪个 Executor。如果 queue 等于 [celery_kubernetes_executor] 部分的 kubernetes_queue 配置项指定的值，将使用 Kubernetes Executor，否则使用 Celery Executor。

4）Dask Executor

图 6-6 展示了基于 Dask Executor 的 Airflow 架构。

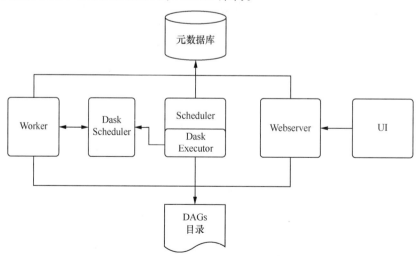

图 6-6　Airflow 架构（基于 Dask Executor）

Dask Executor 会将 Task Instance 提交到 Dask 集群以便处理。Dask 集群由两部分组成——Dask Scheduler 和 Dask Worker。具体来说，Dask Executor 将 Task Instance 提交给 Dask Scheduler，再由 Dask Scheduler 负责调度到 Dask Worker 上以便运行。

6.3　Webserver

作为 Airflow 的核心组件之一，Webserver 提供 UI 和 REST API 功能。UI 允许用户通过浏览器查看和管理 Airflow 的资源。REST API 则为编程式管理 Airflow 提供了便利。本节将分别介绍这两个功能。

6.3.1　UI

在浏览器地址栏输入 Webserver 的访问地址，按 Enter 键后进入 Webserver 登录页面，如图 6-7 所示。

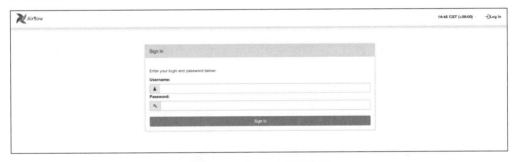

图 6-7　Webserver 登录页面

这里假设 Webserver UI 使用用户名/密码认证，在输入用户名/密码组合后登录 Webserver 的主页面，如图 6-8 所示。

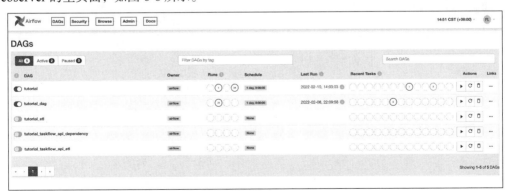

图 6-8　Webserver 的主页面

页面的最上面是菜单栏，包含 DAGs、Security、Browse、Admin 和 Docs 5 项。单击 DAGs 会返回 Webserver 的主页面，其余每一项单击后会弹出下拉菜单。Security 的下拉菜单包含与 RBAC 相关的内容，Browse 允许用户查看 DAG Runs 和 Task Instances 等对象。Admin 包含 Variables、Configurations、Connections 和 Plugins 等的入口。Docs 是各种文档的集合。

如果单击某一个具体的 DAG，则会进入该 DAG 的详情页面，如图 6-9 所示。

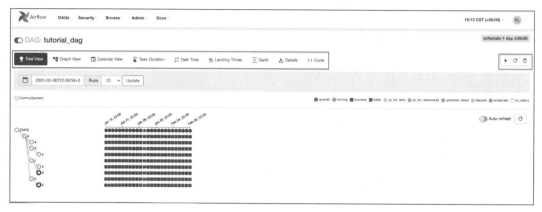

图 6-9　DAG 的详情页面

详情页面的多种图表（如 Tree View、Graph View、Calendar View、Task Duration、Task Tries、Landing Times 和 Gantt）从不同的方面反映了 DAG 的状态。同时详情页面还包括 DAG 的细节（Details）和代码（Code）。此外，详情页面还包含 3 个 Actions 按钮，允许用户触发、刷新和删除 DAG。

详情页面默认显示的是 Tree View（树视图）。图 6-10 展示了 Graph View（图形视图）的界面。

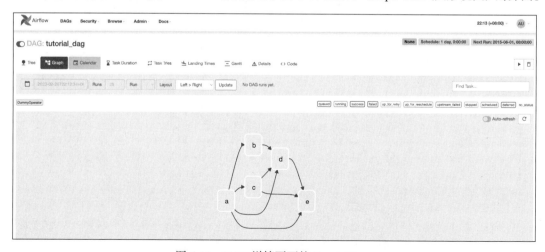

图 6-10　DAG 详情页面的 Graph View

图 6-11 展示了 DAG 详情页面的代码界面。

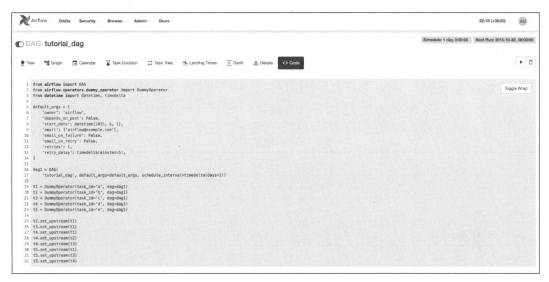

图 6-11　DAG 详情页面的代码界面

6.3.2　REST API

Airflow 的 REST API 可以分为 16 组（每组包含 1 个到多个 API）。

1）Config 组

Config 组用于查看当前的配置。Config 组的相关 API 如表 6-1 所示。

表 6-1　Config 组的相关 API

API	HTTP 方法	描述
/api/v1/config	GET	查看当前的配置

2）Connection 组

Connection 组用于管理 Connection。Connection 组的相关 API 如表 6-2 所示。

表 6-2　Connection 组的相关 API

API	HTTP 方法	描述
/api/v1/connections	GET	查看所有的 Connection
/api/v1/connections	POST	创建一个 Connection
/api/v1/connections/{connection_id}	GET	查看某个 Connection
/api/v1/connections/{connection_id}	PATCH	更新某个 Connection

续表

API	HTTP 方法	描述
/api/v1/connections/{connection_id}	DELETE	删除某个 Connection
/api/v1/connections/test	POST	测试某个 Connection

3）DAG 组

管理 DAG。DAG 组的相关 API 如表 6-3 所示。

表 6-3　DAG 组的相关 API

API	HTTP 方法	描述
/api/v1/dags	GET	查看所有的 DAG
/api/v1/dags/{dag_id}	GET	查看某个 DAG
/api/v1/dags/{dag_id}	PATCH	更新某个 DAG
/api/v1/dags/{dag_id}	DELETE	删除某个 DAG
/api/v1/dags/{dag_id}/clearTaskInstances	POST	清除一部分 Task Instance 的状态
/api/v1/dags/{dag_id}/updateTaskInstancesState	POST	更新一部分 Task Instance 的状态
/api/v1/dags/{dag_id}/details	GET	查看某个 DAG 的详细信息
/api/v1/dags/{dag_id}/tasks	GET	查看某个 DAG 包含的 Task
/api/v1/dags/{dag_id}/tasks/{task_id}	GET	查看某个 Task 的简略信息
/api/v1/dagSources/{file_token}	GET	查看某个 DAG 的源代码

4）DAGRun 组

管理 DAG Run。DAGRun 组的相关 API 如表 6-4 所示。

表 6-4　DAGRun 组的相关 API

API	HTTP 方法	描述
/api/v1/dags/{dag_id}/dagRuns	GET	查看所有的 DAG Run
/api/v1/dags/{dag_id}/dagRuns	POST	触发一个新的 DAG Run
/api/v1/dags/~/dagRuns/list	POST	批量查看 DAG Run
/api/v1/dags/{dag_id}/dagRuns/{dag_run_id}	GET	查看某个 DAG Run
/api/v1/dags/{dag_id}/dagRuns/{dag_run_id}	DELETE	删除某个 DAG Run
/api/v1/dags/{dag_id}/dagRuns/{dag_run_id}	PATCH	更新某个 DAG Run 的状态

5）EventLog 组

查看 event log。EventLog 组的相关 API 如表 6-5 所示。

表 6-5　EventLog 组的相关 API

API	HTTP 方法	描述
/api/v1/eventLogs	GET	查看所有的日志条目
/api/v1/eventLogs/{event_log_id}	GET	查看某个日志条目

6）ImportError 组

查看 DAG 的导入错误。ImportError 组的相关 API 如表 6-6 所示。

表 6-6　ImportError 组的相关 API

API	HTTP 方法	描述
/api/v1/importErrors	GET	查看所有的 DAG 解析错误
/api/v1/importErrors/{import_error_id}	GET	查看某个 DAG 解析错误

7）Monitoring 组

返回监控信息。Monitoring 组的相关 API 如表 6-7 所示。

表 6-7　Monitoring 组的相关 API

API	HTTP 方法	描述
/api/v1/health	GET	查看 Airflow 元数据库和 Scheduler 的状态
/api/v1/version	GET	查看 Airflow 的版本

8）Pool 组

管理 Pool。Pool 组的相关 API 如表 6-8 所示。

表 6-8　Pool 组的相关 API

API	HTTP 方法	描述
/api/v1/pools	GET	查看所有的 Pool
/api/v1/pools	POST	创建一个 Pool
/api/v1/pools/{pool_name}	GET	查看某个 Pool
/api/v1/pools/{pool_name}	PATCH	更新某个 Pool
/api/v1/pools/{pool_name}	DELETE	删除某个 Pool

9）Provider 组

查看 Provider。Provider 组的相关 API 如表 6-9 所示。

10）TaskInstance 组

查看 Task Instance。TaskInstance 组的相关 API 如表 6-10 所示。

表 6-9　Provider 组的相关 API

API	HTTP 方法	描述
/api/v1/providers	GET	查看所有的 Provider

表 6-10　TaskInstance 组的相关 API

API	HTTP 方法	描述
/api/v1/dags/{dag_id}/dagRuns/{dag_run_id}/taskInstances	GET	查看某个 DAG Run 所有的 Task Instance
/api/v1/dags/{dag_id}/dagRuns/{dag_run_id}/taskInstances/{task_id}	GET	查看某个 DAG Run 的某个 Task Instance
/api/v1/dags/~/dagRuns/~/taskInstances/list	GET	批量查看 Task Instance
/api/v1/dags/{dag_id}/dagRuns/{dag_run_id}/taskInstances/{task_id}/links	GET	查看某个 Task Instance 的额外链接
/api/v1/dags/{dag_id}/dagRuns/{dag_run_id}/taskInstances/{task_id}/logs/{task_try_number}	GET	查看某个 Task Instance 的日志

11）Variable 组

管理 Variable。Variable 组的相关 API 如表 6-11 所示。

表 6-11　Variable 组的相关 API

API	HTTP 方法	描述
/api/v1/variables	GET	查看所有的 Variable
/api/v1/variables	POST	创建一个 Variable
/api/v1/variables/{variable_key}	GET	查看某个 Variable
/api/v1/variables/{variable_key}	PATCH	更新某个 Variable
/api/v1/variables/{variable_key}	DELETE	删除某个 Variable

12）XCom 组

查看 XCom。XCom 组的相关 API 如表 6-12 所示。

表 6-12　XCom 组的相关 API

API	HTTP 方法	描述
/api/v1/dags/{dag_id}/dagRuns/{dag_run_id}/taskInstances/{task_id}/xcomEntries	GET	查看某个 Task Instance 的 XCom 条目
/api/v1/dags/{dag_id}/dagRuns/{dag_run_id}/taskInstances/{task_id}/xcomEntries/{xcom_key}	GET	查看某个 XCom 条目

13）Plugin 组

查看 Plugin。Plugin 组的相关 API 如表 6-13 所示。

表 6-13　Plugin 组的相关 API

API	HTTP 方法	描述
/api/v1/plugins	GET	查看加载的所有的插件

14）Role 组

管理 Role。Role 组的相关 API 如表 6-14 所示。

表 6-14　Role 组的相关 API

API	HTTP 方法	描述
/api/v1/roles	GET	查看所有的 Role
/api/v1/roles	POST	创建一个 Role
/api/v1/roles/{role_name}	GET	查看某个 Role
/api/v1/roles/{role_name}	PATCH	更新某个 Role
/api/v1/roles/{role_name}	DELETE	删除某个 Role

15）Permission 组

查看 Permission。Permission 组的相关 API 如表 6-15 所示。

表 6-15　Permission 组的相关 API

API	HTTP 方法	描述
/api/v1/permissions	GET	查看所有的 Permission

16）User 组

管理用户。User 组的相关 API 如表 6-16 所示。

表 6-16　User 组的相关 API

API	HTTP 方法	描述
/api/v1/users	GET	查看所有的 User
/api/v1/users	POST	创建一个 User
/api/v1/users/{username}	GET	查看某个 User
/api/v1/users/{username}	PATCH	更新某个 User
/api/v1/users/{username}	DELETE	删除某个 User

 **注意**

在调用 API 之前，需要先进行认证。关于 REST API 认证的内容请参阅第 7 章。

6.4 Triggerer

Triggerer 不是 Airflow 必需的组件，它的功能是运行 Trigger，是使用 Deferrable Operator 和 Trigger 功能的前提条件。如果不打算使用这部分功能，部署 Airflow 集群时不必专门启动 Triggerer。

图 6-12 展示了包含 Triggerer 的架构。

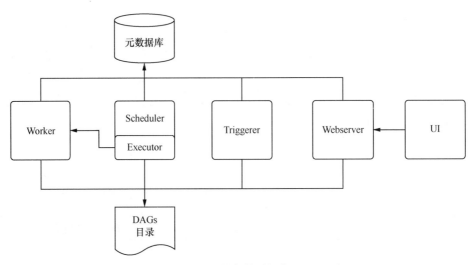

图 6-12　Airflow 的架构（包含 Triggerer）

6.5 本章小结

通过本章的学习，读者应该对 Airflow 的架构和组件有了清晰的认识。在第 7 章中，我们将换个角度切入，从实践出发，熟悉 Airflow 中系统管理的方方面面。

第 7 章　系统管理

本章将会从系统管理的角度带领读者认识 Airflow。Airflow 的配置是怎么加载的？Airflow 的安全机制是什么样的？ Airflow 的日志和监控要如何管理？怎么扩展 Airflow 的功能？诸如此类的问题在本章中都会有答案。

7.1　配置

Airflow 的配置分为两种：一种是所有的组件通用的配置；另一种是 Webserver 独有的配置。Webserver 是基于 Flask 开发的 Web 应用程序，它除了会加载 Airflow 通用的配置之外，还会加载 Flask 应用程序的配置，不过这部分配置不在本节讨论的范围之内。本节将探讨 Airflow 组件通用的配置。

7.1.1　如何管理配置

Airflow 会从两个地方读取配置——airflow.cfg 文件和环境变量。所以，如果要新增一条配置，就要在 airflow.cfg 文件中增加一条记录，或者导出（export）一个新的环境变量。推而广之，配置的修改 / 删除对应 airflow.cfg 中记录的修改 / 删除，或者环境变量的覆盖 / 清理。

1. 使用 airflow.cfg 文件管理配置

airflow.cfg 文件采用 key=value 的格式保存配置。其中，key 表示配置的名字，value 表示配置的值。为了方便管理配置，所有的配置都从属于某个部分。增加配置的时候，需要首先明确该配置从属于哪个部分，然后在对应的部分下增加一条记录。接下来以 airflow.cfg 文件的部分内容为例进行说明，如代码清单 7-1 所示。

代码清单 7-1　airflow.cfg 文件的部分内容

```
[core]
dags_folder = /mnt/dags
```

```
plugins_folder = /mnt/plugins

[logging]
base_log_folder = /mnt/logs
```

代码清单 7-1 有 3 条配置——dags_folder、plugins_folder 和 base_log_folder。其中，dags_folder 和 plugins_folder 属于 [core] 部分，base_log_folder 属于 [logging] 部分。

假设我们想要关闭 Airflow 的 catchup 功能，可以将 catchup_by_default 配置成 False，而 catchup_by_default 属于 [scheduler] 部分，那么修改后的 airflow.cfg 文件如代码清单 7-2 所示。

代码清单 7-2　修改 airflow.cfg，关闭 catchup 功能

```
[core]
dags_folder = /mnt/dags
plugins_folder = /mnt/plugins

[scheduler]
catchup_by_default = False

[logging]
base_log_folder = /mnt/logs
```

再假设我们不希望 Airflow 加载示例 DAG，可以将 load_examples 配置成 False，而 load_examples 属于 [core] 部分，那么修改后的 airflow.cfg 文件如代码清单 7-3 所示。

代码清单 7-3　修改 airflow.cfg，不加载示例 DAG

```
[core]
dags_folder = /mnt/dags
plugins_folder = /mnt/plugins
load_examples = False

[scheduler]
catchup_by_default = False

[logging]
base_log_folder = /mnt/logs
```

2. 使用环境变量管理配置

如果要通过环境变量管理配置，那么环境变量须满足的格式是：AIRFLOW__{SECTION}__{KEY}，所有的字母都是大写形式。其中，SECTION 表示部分的名字，KEY 表示配置的名字，AIRFLOW、SECTION 以及 KEY 之间用双下画线连接。环境变量的值表示配置的值。

airflow.cfg 文件中的配置项 sql_alchemy_conn 如代码清单 7-4 所示。

代码清单 7-4　配置项 sql_alchemy_conn

```
[core]
sql_alchemy_conn = my_conn_string
```

如果用环境变量来设置，则命令如下：

```
export AIRFLOW__CORE__SQL_ALCHEMY_CONN=my_conn_string
```

 注意

通过环境变量添加的配置只对一台机器生效。如果 Airflow 的组件分布在多台机器上，则需要给每台机器都加上相应的环境变量。

7.1.2　特殊的配置

每个配置都有 key 和 value。在 7.1.1 节提到的示例中，不管是用 airflow.cfg 文件，还是用环境变量，本质上都是通过 key=value 的方式给配置赋值。所有的配置都可以用 key=value 的方式赋值，但是少量的配置还可以通过在 key 后面增加 _cmd 后缀或 _secret 后缀的方式进行赋值。

somekey_cmd=bash_command_to_get_value 的语义是通过执行 bash_command_to_get_value 命令来获得 somekey 的 value。

somekey_secret=secret_name_to_get_value 的语义是通过 secret_name_to_get_value 去 Secrets Backend（有关 Secrets Backend 的内容请查阅 5.2 节）中获得 somekey 的 value。

7.1.1 节提到的 sql_alchemy_conn 配置就能够使用这两种后缀进行赋值。在 airflow.cfg 文件中使用 _cmd 后缀为 sql_alchemy_conn 赋值的代码如代码清单 7-5 所示。

代码清单 7-5　在 airflow.cfg 中使用 _cmd 后缀为 sql_alchemy_conn 赋值

```
[core]
sql_alchemy_conn_cmd = bash_command_to_get_conn
```

在 airflow.cfg 文件中使用 _secret 后缀为 sql_alchemy_conn 赋值的代码如代码清单 7-6 所示。

代码清单 7-6　在 airflow.cfg 中使用 _secret 后缀为 sql_alchemy_conn 赋值

```
[core]
sql_alchemy_conn_secret = secret_name_to_get_conn
```

在环境变量中使用 _cmd 后缀为 sql_alchemy_conn 赋值的命令为：

```
export AIRFLOW__CORE__SQL_ALCHEMY_CONN_CMD=bash_command_to_get_conn
```

在环境变量中使用 _secret 后缀为 sql_alchemy_conn 赋值的命令为：

```
export AIRFLOW__CORE__SQL_ALCHEMY_CONN_SECRET=secret_name_to_get_conn
```

Airflow 中支持 _cmd 后缀或 _secret 后缀的配置如下：

- [core] 部分的 sql_alchemy_conn；
- [core] 部分的 fernet_key；
- [celery] 部分的 broker_url；
- [celery] 部分的 flower_basic_auth；
- [celery] 部分的 result_backend；
- [atlas] 部分的 password；
- [smtp] 部分的 smtp_password；
- [webserver] 部分的 secret_key。

7.1.3 配置的优先级

在 Airflow 中同一个配置可能在多处赋值：既可以在 airflow.cfg 文件中定义，又可以通过环境变量配置，像 7.1.2 节提到的部分配置还存在 _cmd 后缀或 _secret 后缀的变种。另外，Airflow 内部也许还提供了默认值。那么哪一处配置的值会生效呢？配置的取值遵从下面的顺序：

- 首选环境变量；
- 如果上述不存在，选环境变量的 _cmd 后缀变种；
- 如果上述都不存在，选环境变量的 _secret 后缀变种；
- 如果上述都不存在，选 airflow.cfg 文件中的配置；
- 如果上述都不存在，选 airflow.cfg 文件中的配置的 _cmd 后缀变种；
- 如果上述都不存在，选 airflow.cfg 文件中的配置的 _secret 后缀变种；
- 如果上述都不存在，选 Airflow 的默认值。

7.2 安全

作为一款成熟的产品，Airflow 拥有完善的安全机制。谈到安全，最常见的两个词汇是认证（authentication）和授权（authorization）。前者判断访问者的身份（即"我是谁"），后者决定已知身份的访问者能够访问哪些资源（即"我能做什么"）。对于"我能做什么"的授权问题，Airflow 基于 RBAC（Role-Based Access Control，基于角色的访问控制）实现了一套访问控制方案。而在这之前，必须先要知道"我是谁"，这部分认证的内容分为两块，API 和 Webserver UI 都有独自的机制。对于 Webserver UI 来说，除了认证之外，针对安全方面还需要考量一些别的因素。最后，数据安全是重中之重，接下来我们将介绍 Airflow 在敏感数据的存储和显示方面的独到之处。

7.2.1 访问控制

Airflow 的访问控制（access control）采用了常见的 RBAC 方案，即集群上的资源和对资源的操作的组合被称为 Permission，一个 Role 包含一个或者多个 Permission。如果某个用户被赋予了某个 Role，他就拥有了这个 Role 中包含的 Permission，也就能操作对应的资源。

1. Permission

Permission 是资源和操作的二元组。一个 Permission 定义了对某个资源可以进行的操作。典型的资源包括 Dag、DagRun、Task 和 Connection 等。常见的操作包括 can_create、can_read、can_edit 和 can_delete 等。我们看一个 Permission 的例子——Connections.can_read。它由资源 Connections 和操作 can_read 组成，即对所有的 Connection 有可读的权限。

对于 DAG 这种资源，Airflow 提供了对全部 DAG 生效的 Permission——DAGs.can_create、DAGs.can_read、DAGs.can_edit 和 DAGs.can_delete。此外，对单个 DAG 定义 Permission 也是允许的。对单个 DAG，资源的名字定义方式是：DAG: + <the DAG ID>。比如，example_dag_id 这个 DAG 对应的资源名字为 DAG: example_dag_id。如果我们要定义对它的读权限，相应的 Permission 为 DAG:example_dag_id.can_read。

2. Role

Role 是一系列 Permission 的组合。用户可以在 Webserver UI 上创建 Role，也可以使用 CLI 命令来创建 Role。图 7-1 展示了在 Webserver UI 上创建 Role 的方式。

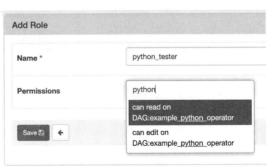

图 7-1　在 Webserver UI 上创建 Role

Airflow 内置如下一些默认的 Role。

❑ Admin：拥有所有的权限，还可以 grant/revoke 其他用户的权限。

❑ Public：没有任何权限。

❑ Viewer：包含一些有限的读权限。定义如下。

```
VIEWER_PERMISSIONS = [
    (permissions.ACTION_CAN_READ, permissions.RESOURCE_AUDIT_LOG),
    (permissions.ACTION_CAN_READ, permissions.RESOURCE_DAG),
    (permissions.ACTION_CAN_READ, permissions.RESOURCE_DAG_DEPENDENCIES),
    (permissions.ACTION_CAN_READ, permissions.RESOURCE_DAG_CODE),
    (permissions.ACTION_CAN_READ, permissions.RESOURCE_DAG_RUN),
    (permissions.ACTION_CAN_READ, permissions.RESOURCE_IMPORT_ERROR),
    (permissions.ACTION_CAN_READ, permissions.RESOURCE_JOB),
    (permissions.ACTION_CAN_READ, permissions.RESOURCE_MY_PASSWORD),
    (permissions.ACTION_CAN_EDIT, permissions.RESOURCE_MY_PASSWORD),
    (permissions.ACTION_CAN_READ, permissions.RESOURCE_MY_PROFILE),
    (permissions.ACTION_CAN_EDIT, permissions.RESOURCE_MY_PROFILE),
    (permissions.ACTION_CAN_READ, permissions.RESOURCE_PLUGIN),
    (permissions.ACTION_CAN_READ, permissions.RESOURCE_SLA_MISS),
    (permissions.ACTION_CAN_READ, permissions.RESOURCE_TASK_INSTANCE),
    (permissions.ACTION_CAN_READ, permissions.RESOURCE_TASK_LOG),
    (permissions.ACTION_CAN_READ, permissions.RESOURCE_XCOM),
    (permissions.ACTION_CAN_READ, permissions.RESOURCE_WEBSITE),
    (permissions.ACTION_CAN_ACCESS_MENU, permissions.RESOURCE_BROWSE_MENU),
    (permissions.ACTION_CAN_ACCESS_MENU, permissions.RESOURCE_DAG_RUN),
    (permissions.ACTION_CAN_ACCESS_MENU, permissions.RESOURCE_DOCS),
    (permissions.ACTION_CAN_ACCESS_MENU, permissions.RESOURCE_DOCS_MENU),
    (permissions.ACTION_CAN_ACCESS_MENU, permissions.RESOURCE_JOB),
    (permissions.ACTION_CAN_ACCESS_MENU, permissions.RESOURCE_AUDIT_LOG),
    (permissions.ACTION_CAN_ACCESS_MENU, permissions.RESOURCE_PLUGIN),
    (permissions.ACTION_CAN_ACCESS_MENU, permissions.RESOURCE_SLA_MISS),
    (permissions.ACTION_CAN_ACCESS_MENU, permissions.RESOURCE_TASK_INSTANCE),
]
```

❑ User：包含 Viewer 所有的权限，以及下面的额外权限。

```
USER_PERMISSIONS = [
    (permissions.ACTION_CAN_EDIT, permissions.RESOURCE_DAG),
    (permissions.ACTION_CAN_DELETE, permissions.RESOURCE_DAG),
    (permissions.ACTION_CAN_CREATE, permissions.RESOURCE_TASK_INSTANCE),
    (permissions.ACTION_CAN_EDIT, permissions.RESOURCE_TASK_INSTANCE),
```

```
    (permissions.ACTION_CAN_DELETE, permissions.RESOURCE_TASK_INSTANCE),
    (permissions.ACTION_CAN_CREATE, permissions.RESOURCE_DAG_RUN),
    (permissions.ACTION_CAN_EDIT, permissions.RESOURCE_DAG_RUN),
    (permissions.ACTION_CAN_DELETE, permissions.RESOURCE_DAG_RUN),
]
```

❑ Op：包含 User 所有的权限，以及下面的额外权限。

```
OP_PERMISSIONS = [
    (permissions.ACTION_CAN_READ, permissions.RESOURCE_CONFIG),
    (permissions.ACTION_CAN_ACCESS_MENU, permissions.RESOURCE_ADMIN_MENU),
    (permissions.ACTION_CAN_ACCESS_MENU, permissions.RESOURCE_CONNECTION),
    (permissions.ACTION_CAN_ACCESS_MENU, permissions.RESOURCE_POOL),
    (permissions.ACTION_CAN_ACCESS_MENU, permissions.RESOURCE_VARIABLE),
    (permissions.ACTION_CAN_ACCESS_MENU, permissions.RESOURCE_XCOM),
    (permissions.ACTION_CAN_CREATE, permissions.RESOURCE_CONNECTION),
    (permissions.ACTION_CAN_READ, permissions.RESOURCE_CONNECTION),
    (permissions.ACTION_CAN_EDIT, permissions.RESOURCE_CONNECTION),
    (permissions.ACTION_CAN_DELETE, permissions.RESOURCE_CONNECTION),
    (permissions.ACTION_CAN_CREATE, permissions.RESOURCE_POOL),
    (permissions.ACTION_CAN_READ, permissions.RESOURCE_POOL),
    (permissions.ACTION_CAN_EDIT, permissions.RESOURCE_POOL),
    (permissions.ACTION_CAN_DELETE, permissions.RESOURCE_POOL),
    (permissions.ACTION_CAN_READ, permissions.RESOURCE_PROVIDER),
    (permissions.ACTION_CAN_CREATE, permissions.RESOURCE_VARIABLE),
    (permissions.ACTION_CAN_READ, permissions.RESOURCE_VARIABLE),
    (permissions.ACTION_CAN_EDIT, permissions.RESOURCE_VARIABLE),
    (permissions.ACTION_CAN_DELETE, permissions.RESOURCE_VARIABLE),
    (permissions.ACTION_CAN_DELETE, permissions.RESOURCE_XCOM),
]
```

用户的权限是跟其所拥有的 Role 绑定的。通过 Webserver UI 或 Airflow CLI 命令都可以将定义好的 Role 赋予某个用户。如果通过 Airflow CLI 命令进行操作，则代码如下：

```
airflow users add-role
```

7.2.2　API 认证

尽管 Airflow 的 Webserver 提供的 UI 非常方便用户使用，但是通过调用 API 来管理 Airflow 集群的需求永远不会缺少，毕竟 API 调用是自动化的基石。在调用 API 之前，认证是首先要考虑的事情。

1. API 认证相关配置

Airflow API 认证的核心配置是 [api] 部分的 auth_backend，它决定了认证的方式。这个配置的默认值是 airflow.api.auth.backend.deny_all，即拒绝所有的访问请求。

如果使用 Basic Authentication，则可以按照代码清单 7-7 进行配置。

代码清单 7-7　配置 API 认证以便使用 Basic Authentication

```
[api]
auth_backend = airflow.api.auth.backend.deny_all
```

采用这种配置后，通过认证的方法是在 HTTP 请求中增加 Authorization header，这个 header 的格式为 Authorization: Basic Base64(username:password)，即在"Authorization: Basic"前缀（最后有空格）后面加上以冒号分隔的用户名和密码的组合的 Base64 编码。

如果使用 curl 命令，则可以使用 --user 参数指定用户名和密码，curl 命令会自动生成 Authorization header。一个 curl 命令的示例如下：

```
curl -X GET \
    --user "username:password" \
    "${ENDPOINT_URL}/api/v1/pools"
```

其中，ENDPOINT_URL 是 Airflow Webserver 的地址。

如果使用 Kerberos Authentication，则可以按照代码清单 7-8 进行配置。

代码清单 7-8　配置 API 认证以便使用 Kerberos Authentication

```
[api]
auth_backend = airflow.api.auth.backend.kerberos_auth

[kerberos]
keytab = <KEYTAB>
```

keytab 文件中的 principal 必须采用 airflow/fully.qualified.domainname@REALM 格式。

2. 自定义 API 认证

自定义 API 认证的流程如下。

步骤 1　编写一个新的 Python 模块，实现下面两个方法。

❑ init_app(app: Flask)。

❑ requires_authentication(fn: Callable)。

步骤 2　在 airflow.cfg 文件中用 api->auth_backend 指定 API 认证的模块名为上述模块的名字。

7.2.3 Webserver UI 安全

Airflow 的 Webserver 为用户提供了 UI，方便用户查看和管理 Airflow 集群的各种对象。显然，没有任何保护的 Webserver UI 是不可接受的。下面列举了多种保护 Webserver UI 的措施，合理地配置这些措施，将极大地保护 UI 不被恶意攻击。

1. 防御单击劫持

单击劫持（click jacking attack），也被称为 UI- 覆盖攻击，即覆盖不可见的框架，误导受害者单击。受害者表面上单击的是他所看到的网页，但实际上单击的却是黑客精心构建的另一个置于原网页上面的透明网页。图 7-2 生动地展示了单击劫持的攻击方式。

图 7-2 单击劫持示意图

用户眼中的网页是一个游戏页面，但实际上在这个网页之上覆盖了一层透明的网页。当用户单击游戏网页的 PLAY 按钮时，因为透明网页的 PAY 按钮覆盖在 PLAY 按钮之上，所以 PAY 按钮变成了用户真正单击的按钮，从而在用户不知情的情况下触发支付行为。

防御单击劫持的最佳方式是为 HTTP 响应报文增加一个报头——X-FRAME-OPTIONS。这个报头被用来指示浏览器是否允许将源网站的内容嵌入其他网站。X-FRAME-OPTIONS 的取值有下面 3 种。

- DENY：表示拒绝被任何网站嵌入。
- SAMEORIGIN：表示允许被同源网站嵌入。
- ALLOW-FROM：表示允许被指定网站嵌入。

单击劫持的攻击方式是通过将源网站嵌入黑客预先准备好的恶意网站来实现的。如果将 X-FRAME-OPTIONS 设置为 DENY，则源网站拒绝被任何网站嵌入，从而在根本上杜绝单击劫持。当然，如果希望允许源网站被一部分受信任的网站嵌入，可以考虑将 X-FRAME-

OPTIONS 设置为 SAMEORIGIN 或者 ALLOW-FROM。

在 Airflow 中，Webserver 在默认情况下是不会使用 X-FRAME-OPTIONS 报头的，也就是可能会被单击劫持，通过配置 [webserver] 部分的 x_frame_enabled 为 False，可以开启防御。这个配置会告诉 Webserver 在返回响应报文时增加 X-FRAME-OPTIONS 报头，其取值为 DENY。

2. 认证

Airflow 的 Webserver 支持多种登录认证方式。通过 $AIRFLOW_HOME/webserver_config.py 文件的 AUTH_TYPE 参数可以指定使用哪一种。默认情况下，AUTH_TYPE 被配置为 AUTH_DB，即用户名/密码认证。如果要使用第三方认证，比如 OAuth、OpenID、LDAP 等，则需要修改 AUTH_TYPE 的参数，并且还要根据选定的第三方认证方式增加相应的配置。Webserver 基于 Flask 框架开发，具体如何集成第三方认证，建议参考 Flask 的相关文档。

3. SSL

Webserver 支持 HTTPS 协议。当为 Webserver 配置了 SSL key 和 SSL cert 时，就会开启 SSL。相应的配置是 [webserver] 部分的 web_server_ssl_key 和 web_server_ssl_cert。

值得注意的是，开启 SSL 并不会自动修改 Webserver 的端口，如果想要使用 443 端口，则必须通过 [webserver] 部分的 web_server_port 配置显式地指定端口。

4. Session 加密

Airflow 的 Webserver 基于 Flask 框架开发。Flask 要求应用提供一个 secret key 以用于 Session 的加密。Airflow 的 Webserver 的 secret key 由 [webserver] 部分的 secret_key 指定。下面的 Python 命令可用于 secret key 的生成：

```
python3 -c 'import secrets; print(secrets.token_hex(16))'
```

7.2.4 数据安全

Airflow 的用户常常使用 Connection 保存外部系统的访问信息，这些信息包括 Password（密码）。密码必须妥善保存，一旦泄露，可能会导致严重的安全事故。除了 Connection 之外，用户在配置 Variable 时还可能会存储一些敏感数据，这部分数据也需要特殊处理。本节介绍 Airflow 对敏感数据的保护措施。

1. 数据的存储

Airflow 使用 Fernet 来加密 Variable/Connection 中的数据，[core] 部分的 fernet_key 配置

项记录的就是加密的密钥。下面的 Python 代码可用于 fernet key 的生成：

```python
from cryptography.fernet import Fernet

fernet_key = Fernet.generate_key()
print(fernet_key.decode()) # your fernet_key, keep it in secured place!
```

从安全角度来说，定期更换 fernet key 是非常值得推荐的行为。更换 fernet key 以后，历史数据必须用新的 fernet key 重新加密，可以按照下面的步骤操作。

步骤 1 调整 [core] 部分的 fernet_key 配置项，增加新的 fernet key，可按如下方式修改 airflow.cfg 文件：

```
[core]
fernet_key = new_fernet_key,old_fernet_key
```

步骤 2 使用 Airflow CLI 重新加密历史数据，命令如下：

```
airflow rotate-fernet-key
```

步骤 3 调整 [core] 部分的 fernet_key 配置项，删除旧的 fernet key，可按如下方式修改 airflow.cfg 文件：

```
[core]
fernet_key = new_fernet_key
```

2. 数据的显示

Variable 和 Connection 中的大部分数据在 Airflow 的 UI 或者日志文件中都是以明文显示的，但是对于 Connection 的 Password 字段，在显示时则会使用星号（*）进行替代。享受同样待遇的还包括满足特定条件的 Connection 的 Extra 字段和 Variable。所谓特定条件，就是 Connection 的 Extra 字段的 Key 和 Variable 的 Key 包含下列特殊单词之一："access_token""api_key""apikey""authorization""passphrase""passwd""password""private_key""secret""token"。Airflow 认为上述单词都暗示了一段敏感信息，是不能够明文显示的。当然，Airflow 允许用户扩展特殊单词的列表，这可以通过 [core] 部分的 sensitive_var_conn_names 配置来实现。

7.3 日志和监控

日志能够记录系统运行时的关键信息，对于排查错误非常有帮助。监控可以持续观察系统的运行状态，是系统运维的关键一环。那么，在 Airflow 中，日志和监控是怎么实现的呢？本节讲解 Airflow 中日志和监控的配置和用法。

7.3.1 日志和监控的架构

图 7-3 展示了 Airflow 中日志和监控的架构。

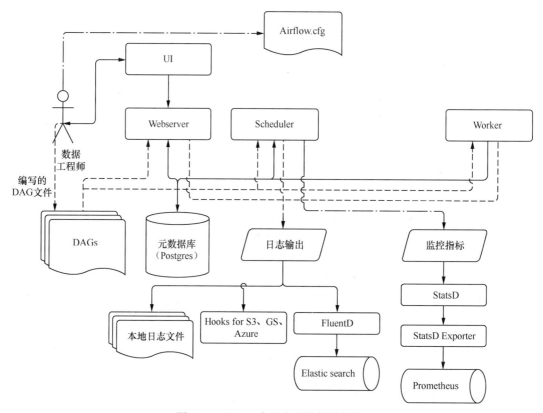

图 7-3 Airflow 中日志和监控的架构

从图 7-3 可以看出，Webserver、Scheduler、Worker 都会产生日志。日志的存储方式有多种，比如写到本地文件系统，或者与其他外部系统进行集成，将日志写到 S3、GS、Azure 甚至 Elasticsearch 中。

根据图 7-3，监控的 metrics 是通过 Scheduler 暴露的。metrics 的格式是 StatsD，如果需要和目前非常火热的 Prometheus 集成，则可以通过 StatsD Exporter 进行格式转换。

7.3.2 日志

如果选择将日志存储到本地文件系统，可以用 [logging] 部分的 base_log_folder 指定将日志写到本地文件系统的哪个目录。如果要把日志写到外部系统，具体的配置因平台而异，这里不做介绍。

7.3.3 监控

如果要开启监控功能，只有一种选择，就是把 metrics 发送给 StatsD 服务器。当确定好 StatsD 服务器后，可以将 airflow.cfg 文件按照代码清单 7-9 所示进行配置，告诉 Airflow 开启监控，并且将 metrics 发送到 StatsD 服务器。

代码清单 7-9 开启监控，将 metrics 发送到 StatsD 服务器

```
[metrics]
statsd_on = True
statsd_host = localhost
statsd_port = 8125
```

代码清单 7-9 中 [metrics] 部分的 statsd_on 被配置为 True，表示开启监控；statsd_host 和 statsd_port 分别代表 StatsD 服务器的地址和端口。

代码清单 7-9 的配置会让 Airflow 将所有的 metrics 都上报，如果只对一部分 metrics 感兴趣，可以使用 [metrics] 部分的 statsd_allow_list 配置指定上报部分 metrics。代码清单 7-10 给出了一个示例。

代码清单 7-10 开启监控，只上报部分 metrics

```
[metrics]
statsd_on = True
statsd_host = localhost
statsd_port = 8125
statsd_allow_list = scheduler,executor,dagrun
```

代码清单 7-10 将 [metrics] 部分的 statsd_allow_list 配置为 "scheduler,executor,dagrun"，意思是只有 scheduler、executor 或者 dagrun 开头的 metrics 会被上报。

Airflow 上报的 metrics 是 StatsD 格式的，与 Prometheus 的 metrics 格式不兼容。如果想要跟 Prometheus 集成，可以把 StatsD 服务器换成 StatsD Exporter 服务器，以实现格式转换。StatsD Exporter 是一种特殊的 StatsD 服务器，它接受 StatsD 格式的 metrics，然后通过用户自定义的规则把 metrics 转换成 Prometheus 格式的 metrics。代码清单 7-11 是一个 StatsD Exporter 规则文件的示例。

代码清单 7-11 StatsD Exporter 规则文件

```
mappings:
  # === Counters ===
  - match: "airflow.(.+)_start$"
    match_type: regex
    name: "airflow_job_start"
```

```
    labels:
      job_name: "$1"
  - match: "airflow.(.+)_end$"
    match_type: regex
    name: "airflow_job_end"
    labels:
      job_name: "$1"
```

代码清单 7-11 定义了两条转换规则。第一条转换规则会匹配以 airflow 开头、以 _start 结尾的 metrics（实际上匹配的是 Airflow 的 <job_name>_start 这条 metrics），将中间部分截取出来，保存到名为 job_name 的 label 中，新的 metrics 名字是 airflow_job_start，包含一个 label:job_name。第二条转换规则会匹配以 airflow 开头、以 _end 结尾的 metrics（实际上匹配的是 Airflow 的 <job_name>_end 这条 metrics），将中间部分截取出来，保存到名为 job_name 的 label 中，新的 metrics 名字是 airflow_job_end，其中包含一个 label:job_name。

这两条转换规则只是抛砖引玉，相信读者能够举一反三写出其他的转换规则。

7.4 插件

插件的设计在很多成熟的系统中都存在。插件为扩展系统的功能提供了一种很好的方法。系统开发者通过定义插件的接口来规范所有的插件行为，而插件开发者利用系统开发者开放的资源来构造插件，为系统在核心功能之外增加新的功能点。Airflow 同样支持插件。本节探讨 Airflow 的插件，包括插件的安装和加载，以及如何实现插件。

7.4.1 插件的安装和加载

插件的安装方法有两种：一种是直接把插件的文件放到 $AIRFLOW_HOME/plugins 文件夹中；另一种是基于 Python 包管理中的 entrypoint 机制把插件做成 Python 安装包，再进行安装。

Airflow 中插件的加载方式是晚加载，即用到时才会加载。可以通过将 [core] 部分的 lazy_load_plugins 配置为 False，以关闭晚加载功能。关闭后，Airflow 的进程在启动时就会加载插件。

在大部分情况下，Airflow 的插件不支持热加载。如果对插件做了修改，一般需要重启 Airflow 的进程才能加载最新的插件，但是也有如下两种特殊情况。

- 插件是为 Webserver 准备的，而且 [webserver] 部分的 reload_on_plugin_change 配置为 True。这表示 Webserver 开启了热加载功能，Webserver 的进程会自动加载最新的

插件。

- 插件是为 Worker 准备的，而且 [core] 部分的 execute_tasks_new_python_interpreter 配置为 True。这表示 Airflow 的 Worker 在每次执行 Task 时都会启动一个全新的 Python 解释器，所以执行 Task 的进程一定会加载最新的插件。

7.4.2 如何实现插件

Airflow 插件的核心类是 airflow.plugins_manager.AirflowPlugin。代码清单 7-12 展示了 AirflowPlugin 的源代码。

代码清单 7-12　AirflowPlugin 的源代码

```
class AirflowPlugin:
    """Class used to define AirflowPlugin."""

    name: Optional[str] = None
    source: Optional[AirflowPluginSource] = None
    hooks: List[Any] = []
    executors: List[Any] = []
    macros: List[Any] = []
    admin_views: List[Any] = []
    flask_blueprints: List[Any] = []
    menu_links: List[Any] = []
    appbuilder_views: List[Any] = []
    appbuilder_menu_items: List[Any] = []

    # A list of global operator extra links that can redirect users to
    # external systems. These extra links will be available on the
    # task page in the form of buttons.
    #
    # Note: the global operator extra link can be overridden at each
    # operator level.
    global_operator_extra_links: List[Any] = []

    # A list of operator extra links to override or add operator links
    # to existing Airflow Operators.
    # These extra links will be available on the task page in form of
    # buttons.
    operator_extra_links: List[Any] = []

    # A list of timetable classes that can be used for DAG scheduling.
```

```
    timetables: List[Type["Timetable"]] = []

    @classmethod
    def validate(cls):
        """Validates that plugin has a name."""
        if not cls.name:
            raise AirflowPluginException("Your plugin needs a name.")

    @classmethod
    def on_load(cls, *args, **kwargs):
        """
        Executed when the plugin is loaded.
        This method is only called once during runtime.

        :param args: If future arguments are passed in on call.
        :param kwargs: If future arguments are passed in on call.
        """
```

通过分析代码清单 7-12，我们可以得出 Airflow 允许插件定制的功能如下：

- hooks；
- executors；
- macros；
- admin_views；
- flask_blueprints；
- menu_links；
- appbuilder_views；
- appbuilder_menu_items；
- global_operator_extra_links；
- operator_extra_links；
- timetables。

继承 AirflowPlugin，然后在子类中提供以上一种或者多种功能的实现，就能够自定义插件。下面我们通过一个具体的示例来学习 Airflow 的插件开发。

1. 编写插件

我们要开发一个名叫 Example 的插件。这个插件的功能是提供一个 Web 页面，显示所有的 DAG 及其状态。

插件的目录结构如图 7-4 所示。

```
example_plugin
├── example_plugin.py
└── templates
    └── example_plugin
        └── index.html
```

图 7-4　Example 插件的目录结构

example_plugin 目录下有 templates 目录和 example_plugin.py 文件。templates 目录下面是 example_plugin 目录，其内部包含了一个 HTML 模板文件——index.html。example_plugin.py 是插件的代码文件。

index.html 文件的内容如代码清单 7-13 所示。

代码清单 7-13　index.html 文件的内容

```
{% extends "airflow/main.html" %}

{% block title %}
Example Plugin
{% endblock %}

{% block head_css %}
{{ super() }}
{% endblock %}

{% block body %}

<style type="text/css">
table, th, td {
  border: 1px solid;
}
table {
  margin-left: 2%;
}
th, td {
  padding: 4px;
}
</style>
```

```
<h1 style="margin-left: 2%;">Example</h1>

<h2 style="margin-left: 2%;">DAGs</h2>

<table>
    <tr>
        <th>DAG ID</th><th>Is Active</th>
    </tr>
    {% for dag in dags %}
    <tr>
        <td>{{dag.dag_id}}</td><td>{{dag.is_active}}</td>
    </tr>
    {% endfor %}
</table>

{% endblock %}

{% block tail %}
{{ super() }}
{% endblock %}
```

下面我们逐步分析 index.html。

首先，index.html 继承了 Airflow 的 main.html：

```
{% extends "airflow/main.html" %}
```

其次，集群中所有的 DAGs 是通过 dags 数组传进来的，一个 for 循环将遍历数组中的元素并将其显示在表格中：

```
<table>
    <tr>
        <th>DAG ID</th><th>Is Active</th>
    </tr>
    {% for dag in dags %}
    <tr>
        <td>{{dag.dag_id}}</td><td>{{dag.is_active}}</td>
    </tr>
    {% endfor %}
</table>
```

example_plugin.py 文件的内容如代码清单 7-14 所示。

代码清单 7-14　example_plugin.py 文件的内容

```
from airflow.models import DagModel, DagBag
from airflow.plugins_manager import import AirflowPlugin
```

```python
from flask import Blueprint
from flask_appbuilder import expose as app_builder_expose, BaseView as AppBuilderBaseView

import logging


def get_baseview():
    return AppBuilderBaseView


class Example(get_baseview()):
    route_base = "/admin/example/"

    @app_builder_expose('/')
    def list(self):
        logging.info("Example.list() called")
        dagbag = DagBag()
        dags = []
        for dag_id in dagbag.dags:
            orm_dag = DagModel.get_current(dag_id)
            dags.append({
                "dag_id": dag_id,
                "is_active": (not orm_dag.is_paused) if orm_dag is not None else False
            })

        return self.render_template("/example_plugin/index.html", dags=dags)


example_view = {
    "category": "Admin",
    "name": "Example Plugin",
    "view": Example()
}

example_bp = Blueprint(
    "example_bp",
    __name__,
    template_folder='templates'
)


class Example_Plugin(AirflowPlugin):
    name = "Example"
```

```
    operators = []
    appbuilder_views = [example_view]
    flask_blueprints = [example_bp]
    hooks = []
    executors = []
    menu_links = []
```

下面我们逐步分析 example_plugin.py。

Example_Plugin 类继承了 AirflowPlugin，实现了 example_view 作为 appbuilder_views 以及 example_bp 作为 flask_blueprints：

```
class Example_Plugin(AirflowPlugin):
    name = "example"
    operators = []
    appbuilder_views = [example_view]
    flask_blueprints = [example_bp]
    hooks = []
    executors = []
    menu_links = []
```

example_view 是由下面的代码创建的：

```
example_view = {
    "category": "Admin",
    "name": "Example Plugin",
    "view": Example()
}
```

因为 category 是 Admin，name 是 Example Plugin，所以实际安装之后插件会出现在 Airflow 菜单栏的 Admin 部分，名字是 Example Plugin。函数 Example() 返回了一个 view 对象。该对象包含了插件的核心逻辑，后面内容会详细介绍。

example_bp 是由下面的代码创建的：

```
example_bp = Blueprint(
    "example_bp",
    __name__,
    template_folder='templates'
)
```

template_folder 给出了模板文件的位置：在 templates 目录中。通过这个配置，Airflow Webserver 可以定位到 index.html 文件。

Example 类的最开始有一行代码：

```
route_base = "/admin/example/"
```

这行代码指定了 Example 插件的 URL 的路由规则。所有的 URL 前缀为 $WEBSERVER_URL/admin/example/ 的请求都会被转给 Example 插件以便处理。

Example 类包含一个 list() 函数，负责利用 index.html 模板文件渲染出最终的 HTML：

```
@app_builder_expose('/')
def list(self):
    logging.info("Example.list() called")
    dagbag = DagBag()
    dags = []
    for dag_id in dagbag.dags:
        orm_dag = DagModel.get_current(dag_id)
        dags.append({
            "dag_id": dag_id,
            "is_active": (not orm_dag.is_paused) if orm_dag is not None else False
        })

    return self.render_template("/example_plugin/index.html", dags=dags)
```

在 list() 函数的前面有一行注解：@app_builder_expose('/')，意思是在传给 Example 插件处理的所有的请求中，后缀为"/"的请求会被这个函数处理。list() 函数通过调用 Airflow 的代码获取所有的 DAGs，然后存入 dags 数组，随后 dags 数组被用于 index.html 模板的渲染。

2. 安装插件

将 example_plugin 文件夹放入 Airflow Webserver 的 Plugins 目录中，如果 [webserver] 部分的 reload_on_plugin_change 配置为 True，则插件会自动加载，否则需要重启 Webserver 来加载插件。

3. 测试插件

单击 Airflow 菜单栏的 Admin，在下拉菜单中选择 Example Plugin，如图 7-5 所示。

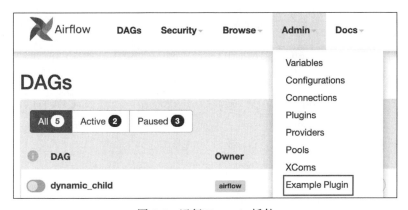

图 7-5　运行 Example 插件

此时会跳转到 Example Plugin 的页面，其中显示了全部的 DAG，如图 7-6 所示。

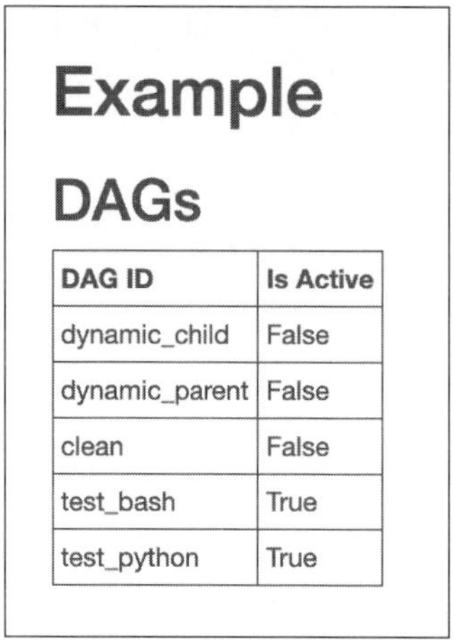
Example

DAGs

DAG ID	Is Active
dynamic_child	False
dynamic_parent	False
clean	False
test_bash	True
test_python	True

图 7-6　Example 插件显示所有的 DAG

7.5　模块管理

如果希望在 Airflow 中引入新的 Python 模块，有什么办法呢？由于 Airflow 的模块管理完全基于 Python，因此 Airflow 的模块管理可以理解为 Python 的模块管理。

7.5.1　如何添加 Python 模块

如果想要添加新的模块，本质上是要把新的模块加入 Python 的 sys.path 中。完成这件事情的方法有如下 3 种。

- 将新的模块打包后再安装。参考 Python 中打包项目的文档把模块打包，然后用 pip 命令安装。
- 将新的模块放到 Airflow 的 DAGs/Plugins/Config 目录中。由于 Airflow 默认会把该目录加到 Python 的 sys.path，所以在这些目录下的模块会被自动加载。
- 修改 Python 的 sys.path，加入新的模块。Python 允许通过设置 PYTHONPATH 环境变量来扩展 sys.path。假设需要引入的模块的路径是 /home/airflow/airflow_operators，那么设置 PYTHONPATH 环境变量的命令如下所示：

```
export PYTHONPATH=/home/airflow/airflow_operators
```

7.5.2　如何排查问题

如果在添加新模块的过程中遇到问题，检查 Python 的 sys.path 是最佳的排查手段。进入

Python 的交互式命令行，通过下面的命令可以输出 sys.path 的内容：

```
>>> import sys
>>> from pprint import pprint
>>> pprint(sys.path)
```

另外，使用 Airflow CLI 的 airflow info 命令获取的 Airflow 环境信息中也包括 Python 的 sys.path。代码清单 7-15 展示了 airflow info 输出的一部分，其中，python_path 就是 Python 的 sys.path。

代码清单 7-15　airflow info 命令的部分输出

```
Paths info
airflow_home      | /usr/local/airflow
system_path       | /usr/local/sbin:/usr/local/bin:/usr/sbin:/usr/bin:/sbin:/bin
python_path       | /usr/local/bin:/usr/lib/python38.zip:/usr/lib/python3.8:/usr/lib/python3.8/lib-dynload:/usr/local/lib/python3.8/dist-packages:/usr/lib/python3/dist-packages:/mnt/dags:/usr/local/airflow/config:/mnt/plugins
airflow_on_path   | True
```

7.6　CLI

与 Airflow 集群交互，除了使用 Webserver UI 和 REST API 之外，还有一种便捷的方式，那就是 Airflow CLI。Airflow 提供了非常丰富的命令行工具，让用户能够管理权限、启动/停止服务、执行 Task 等。本节会逐一介绍 Airflow CLI 的全部 22 个命令/命令组，还会给出使用 CLI 时配置自动补齐的小技巧。

7.6.1　全部命令

Airflow CLI 的使用方法如下：

```
usage: airflow [-h] GROUP_OR_COMMAND...
```

GROUP_OR_COMMAND 是命令或者命令组的意思，命令指的是单一的命令，而命令组指的是一组命令的集合。version 是一个命令的示例，执行 airflow version，将会得到 Airflow 的版本号。users 是一个命令组的示例，它包含了操作用户的所有的命令，包括添加用户、删除用户等。在 users 后必须再加上一个子命令以明确具体的操作，比如执行 airflow users create 将创建用户，执行 airflow users delete 将删除用户。

Airflow CLI 包含 9 个命令和 13 个命令组。下面逐一介绍。

1. 命令

Airflow CLI 包含的 9 个命令如下。

- cheat-sheet：详细列出所有的命令 / 命令组的用法。
- info：显示当前 Airflow 的信息和各种相关环境的信息。
- kerberos：启动一个服务，负责刷新 Kerberos 的 ticket。在 Kerberos 协议中，ticket 由客户端提供，方便应用服务器表明自己的真实身份。
- plugins：展示已加载的插件信息。
- rotate-fernet-key：在用户配置新的 fernet key 之后，因为历史数据中的敏感信息还是用旧的 fernet key 加密的，所以需要通过这个命令将历史数据中的敏感信息用新的 fernet key 重新加密。
- scheduler：启动 Airflow Scheduler 服务。
- sync-perm：更新 Permission。
- version：显示 Airflow 版本。
- webserver：启动 Airflow Webserver 服务。

2. 命令组

Airflow CLI 包含的 13 个命令组如下。

- celery：启动 / 停止 Celery 组件。包括的子命令有 flower、stop 和 worker。
- config：查看 Airflow 的单个 / 全部配置。包括的子命令有 get-value 和 list。
- connections：管理 Connection。包括的子命令有 add、delete、export、get、import 和 list。
- dags：管理 DAG。包括的子命令有 backfill、delete、list、list-jobs、list-runs、next-execution、pause、report、show、state、test、trigger 和 unpause。
- db：包含各种对 Airflow 元数据库的操作。包括的子命令有 check、check-migrations、init、reset、shell 和 upgrade。
- jobs：检查 Airflow 的 Job 是否还存活。包括的子命令有 check。
- kubernetes：提供 Kubernetes 的一些帮助命令，只有在 Airflow 中使用 KubernetesExecutor/CeleryKubernetesExecutor/KubernetesPodOperator 时才有用。包括的子命令有 cleanup-pods 和 generate-dag-yaml。
- pools：管理 Pool。包括的子命令有 delete、export、get、import、list 和 set。
- providers：展示 Airflow 的 Provider。包括的子命令有 behaviours、get、hooks、links、list 和 widgets。

- roles：管理 Role。包括的子命令有 create 和 list。
- tasks：管理 Task。包括的子命令有 clear、failed-deps、list、render、run、state、states-for-dag-run 和 test。
- users：管理用户。包括的子命令有 add-role、create、delete、export、import、list 和 remove-role。
- variables：管理 Variable。包括的子命令有 delete、export、get、import、list 和 set。

7.6.2 自动补齐

Airflow CLI 的自动补齐功能根据 Shell 的不同而有所不同。

如果使用 Bash 作为 Shell，可以选择为所有的用户开启自动补齐或为单个用户 / 会话（Session）开启自动补齐。

1）全局开启自动补齐

执行下面的命令为所有的用户开启自动补齐：

```
sudo activate-global-python-argcomplete
```

2）为单个用户开启自动补齐

执行下面的命令为当前用户开启自动补齐（若是其他用户，请将 ~/.bashrc 换成对应用户的 .bashrc 文件地址）：

```
register-python-argcomplete airflow >> ~/.bashrc
```

3）为当前会话开启自动补齐

执行下面的命令为当前会话开启自动补齐：

```
eval "$(register-python-argcomplete airflow)"
```

如果使用 Zsh 作为 Shell，目前不支持全局自动补齐，只能为单个用户 / 会话开启自动补齐。

1）为单个用户开启自动补齐

将下面的命令写入用户的 .zshrc 文件，从而为用户开启自动补齐：

```
autoload bashcompinit
bashcompinit
eval "$(register-python-argcomplete airflow)"
```

2）为当前会话开启自动补齐

执行"为单个用户开启自动补齐"命令将为当前会话开启自动补齐。

7.7 时区

在 Airflow 中需要特别注意时区。如果对时区的理解不到位，进而错误地配置了时区，很有可能会导致在调度 DAG 的时候出现预期之外的行为。阅读本节，有助于读者清晰地了解 Airflow 中时区的处理逻辑，避免误用和错用。

7.7.1 datetime 对象与时区

Python 中一般使用 datetime 对象表示时间。datetime 有一个属性 tzinfo，代表了时区。如果在构造 datetime 对象的时候配置了 tzinfo，那么这个 datetime 对象就是 aware 的，反之则被称为 naive 的。代码清单 7-16 和代码清单 7-17 依次构造了 aware 和 naive 的 datetime 对象。

代码清单 7-16　aware 的 datetime 对象

```
import pendulum

local_tz = pendulum.timezone("Europe/Amsterdam")
date_aware = datetime(2022, 1, 1, tzinfo=local_tz)
```

代码清单 7-17　naive 的 datetime 对象

```
date_naive = datetime(2022, 1, 1)
```

同样是表示 2022 年 1 月 1 日，显然，aware 的 datetime 对象很明确，没有歧义，而 naive 的 datetime 对象则令人困惑，东八区的 2022 年 1 月 1 日和西八区的 2022 年 1 月 1 日整整差了 16 个小时。

在可能的情况下，应当尽量使用 aware 的 datetime 对象，这能够省去很多麻烦。

7.7.2 Airflow 是如何处理时区的

Airflow 内部使用的都是 aware 的 datetime 对象，如果用户在自己的代码中用了 naive 的 datetime 对象，Airflow 会根据 [core] 部分的 default_timezone 配置决定 naive 的 datetime 对象的时区。这个配置的默认值为 utc，表示 UTC 时区。

为了方便用户在代码中正确地使用时区，Airflow 提供了一个工具类——timezone，该类提供了很多跟时区有关的方法，比如用来区分 aware 和 naive 的 datetime 对象的 timezone.is_localized() 和 timezone.is_naive() 方法，以及用来获取 UTC 时区当前时间的 timezone.utcnow() 方法。

Airflow 在内部会把 datetime 对象转成 UTC 时区，用户无法改变这个行为。统一使用 UTC 时区可以方便不同时区的用户一起使用 Airflow。这样做的另一个不那么明显的好处是避免引入 DST（夏令时），DST 时区的时钟在春季会往前调一个小时，到了秋季再调回来。这在很多时候会造成混乱。

用户可以指定 DAG 使用 DST 时区，尽管 DST 时区的时间在内部会被 Airflow 转成 UTC 时区，但这不代表用户能放心大胆地使用 DST 时区。我们用两个示例来说明这一点。

例子 1，用户采用"0 0 * * *"的 cron expression 来配置 DAG 的 schedule_interval。

假设时区是 US/Eastern（属于 DST 时区），那么这个 DAG 在夏令时会在每天 04:00（UTC 时区）运行，而在冬令时会在每天 05:00（UTC 时区）运行。

例子 2，用户采用"timedelta(days=1)"来配置 DAG 的 schedule_interval 并且 start_date 为 2022 年 1 月 1 日。

假设时区是 US/Eastern（属于 DST 时区），那么这个 DAG 会一直在每天 05:00（UTC 时区）运行。这是因为开始的日期是冬令时，所以第一次运行肯定在 05:00（UTC 时区），此后每次的开始时间都是在前一天的基础上加一天，从而一直是 05:00（UTC 时区）。

通过上面两个示例的对比，我们能够很清晰地看到 DST 时区的复杂和难用。除非明确地知道自己用 DST 时区要做什么，否则不推荐使用。

7.7.3　Webserver UI 的时区显示

当我们使用 Airflow 的 Webserver 时，可以在界面上调节时区，此时会根据选择的时区对显示的 UI 进行调整。调节时区的方法是单击右上角的时间，在下拉菜单中选择合适的时区，如图 7-7 所示。

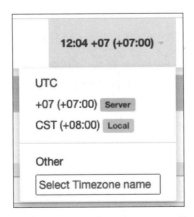

图 7-7　修改 Airflow 的 Webserver UI 的时区

下拉菜单中的 UTC 表示 Airflow 内部的 UTC 时区，Server 表示 [core] 部分的 default_timezone 配置决定的时区，Local 是 Airflow 从浏览器获取的时区。如果这 3 个时区不能满足要求，还可以从 Other 中挑选合适的时区。

假设我们把时区改成 Local，即图 7-7 中的 CST 时区。此时如果进入某个 DAG 的 Tree View 界面，把鼠标悬停在其中任何一个 DAG Run/Task Instance 上面，就能从浮动框中发现针对 CST 时区的显示优化，如图 7-8 所示。

图 7-8　针对 CST 时区的显示优化

7.8　本章小结

通过本章的学习，读者想必对 Airflow 的配置、安全、日志和监控、插件、模块管理、CLI、时区等方面都有了一定程度的了解。在第 8 章中，笔者将分享个人从事 Airflow 集群部署、运维、管理、调优的实践经验，希望这些经验能够对读者管理和使用 Airflow 起到帮助作用。

第 8 章　Airflow 集群实践

第 3 章详细讲解了从零开始搭建一个 Airflow 集群的步骤。遵照这些步骤，搭建可用的 Airflow 集群是一件很容易的事情。但是，当我们以生产环境为背景来讨论集群的部署时，事情将会复杂得多。从一个"可用"的集群到满足生产环境应用场景的集群有一段很长的距离，有诸多方面需要完善和提高，包括但不限于安全、高可用（High Available，HA）、性能等。当我们拥有了一个各方面都不错的生产集群后，使用和运维这个集群也有讲究。不当的用法会造成恶劣的后果，小到性能的减损，大到集群的崩溃。在本章中笔者总结了搭建、使用和运维 Airflow 集群的经验和教训，并从实践角度给出了诸多意见和建议，以飨读者。

8.1　Executor 调优

Airflow 支持两种类型的 Executor——Local Executor 和 Remote Executor。一般来说，Remote Executor 用于生产环境。本节所介绍的调优仅针对 Remote Executor。

Remote Executor 有 4 种——Celery Executor、Kubernetes Executor、CeleryKubernetes Executor 和 Dask Executor。本节将介绍 Celery Executor、Kubernetes Executor 和 Dask Executor 的调优方法。至于 CeleryKubernetes Executor，则不会专门论述。CeleryKubernetes Executor 是 Celery Executor 和 Kubernetes Executor 的并集，使用 CeleryKubernetes Executor 意味着在集群中既可以使用 Celery Executor，也可以使用 Kubernetes Executor。因此，将 Celery Executor 和 Kubernetes Executor 的调优方法进行合并，就可以得到 CeleryKubernetes Executor 的调优方法。

8.1.1 Celery Executor 调优

1. 增加并发

在 Celery 架构中，Worker 是具体执行 Task 的组件。Worker 在主进程之外会启动多个工作进程，Task Instance 就是在这些工作进程中运行的。图 8-1 展示了一个 Worker 上的工作进程。

```
airflow@worker-0:~$ ps aux | grep celery
airflow      1  0.1  0.0 2302656 79516 ?    Ss   Feb21 20:43 [celeryd: celery@worker-0:MainProcess] -active- (celery worker)
airflow     72  0.0  0.0 2300864 73284 ?    S    Feb21  0:00 [celeryd: celery@worker-0:ForkPoolWorker-1]
airflow     73  0.0  0.0 2300868 73284 ?    S    Feb21  0:00 [celeryd: celery@worker-0:ForkPoolWorker-2]
airflow     74  0.0  0.0 2300872 73292 ?    S    Feb21  0:00 [celeryd: celery@worker-0:ForkPoolWorker-3]
airflow     75  0.0  0.0 2300876 73292 ?    S    Feb21  0:00 [celeryd: celery@worker-0:ForkPoolWorker-4]
airflow     76  0.0  0.0 2300880 73300 ?    S    Feb21  0:00 [celeryd: celery@worker-0:ForkPoolWorker-5]
airflow     77  0.0  0.0 2300884 73308 ?    S    Feb21  0:00 [celeryd: celery@worker-0:ForkPoolWorker-6]
airflow     78  0.0  0.0 2300888 73308 ?    S    Feb21  0:00 [celeryd: celery@worker-0:ForkPoolWorker-7]
airflow     79  0.0  0.0 2300892 73308 ?    S    Feb21  0:00 [celeryd: celery@worker-0:ForkPoolWorker-8]
airflow     80  0.0  0.0 2300896 73320 ?    S    Feb21  0:00 [celeryd: celery@worker-0:ForkPoolWorker-9]
airflow     81  0.0  0.0 2300900 73320 ?    S    Feb21  0:00 [celeryd: celery@worker-0:ForkPoolWorker-10]
airflow     82  0.0  0.0 2300904 73320 ?    S    Feb21  0:00 [celeryd: celery@worker-0:ForkPoolWorker-11]
airflow     83  0.0  0.0 2300908 73324 ?    S    Feb21  0:00 [celeryd: celery@worker-0:ForkPoolWorker-12]
airflow     84  0.0  0.0 2300912 73324 ?    S    Feb21  0:00 [celeryd: celery@worker-0:ForkPoolWorker-13]
airflow     85  0.0  0.0 2300916 73332 ?    S    Feb21  0:00 [celeryd: celery@worker-0:ForkPoolWorker-14]
airflow     86  0.0  0.0 2307192 82896 ?    S    Feb21  0:00 [celeryd: celery@worker-0:ForkPoolWorker-15]
airflow     87  0.0  0.0 2301568 73836 ?    S    Feb21  0:00 [celeryd: celery@worker-0:ForkPoolWorker-16]
```

图 8-1 Worker 中的进程

在图 8-1 中，用下画线标注的是主进程，在主进程之外有 16 个工作进程。

如果同一时间运行的 Task Instance 比较多，就要考虑增加并发来提高吞吐量。增加并发的方式有两种——启动更多的 Worker 或者允许单个 Worker 启动更多的工作进程。

- 启动更多的 Worker：将部署单个 Worker 的相关步骤重复一遍，不需要额外的配置和操作，就能够轻松增加一个 Worker。Celery 很好地支持了水平扩容，这使得集群能够更轻松地应对负载的增加。当然，在搭建集群时预估好将来的负载，提前部署多个 Worker 也是可以的。

- 允许单个 Worker 启动更多的工作进程：如果 Worker 的资源足够多，推荐通过配置增加 Worker 的工作进程数。Worker 中的工作进程数是由 [celery] 部分的 worker_concurrency 配置决定的，这个配置的默认值是 16。值得注意的是，worker_concurrency 的值并不是越大越好。值越大，代表启动的工作进程越多，消耗的 CPU、内存等资源也就越多。worker_concurrency 的值应当在明确 Worker 的资源上限以及每个 Task 需要的资源之后再合理配置。

2. 用 queue 进行 Worker 的分组

在默认配置下，每一个 Task Instance 都可能被任意的 Worker 执行。如果希望让某个 Task

Instance 只在某一台或者某几台 Worker 中执行，就需要使用 Celery 提供的 queue 机制。具体过程分为两步。

步骤 1　给 Worker 增加启动参数。

在使用 airflow celery worker 命令启动 Worker 时，通过额外的 -q 参数可以指定一个或者多个 queue。参考命令如下：

```
airflow celery worker -q spark,bash
```

上面的命令在启动 Worker 时，通过 -q 参数指定了 spark 和 bash 两个 queue。该 Worker 只会监听和运行提交到这两个 queue 的 Task Instance。

步骤 2　为 Task 指定 queue。

在构建 Task 的时候为 Task 指定一个 queue，从而让 Task Instance 只提交到该 queue，进而只会在监听了该 queue 的 Worker 中运行。代码清单 8-1 提供了一个为 Task 指定 queue 的示例。

代码清单 8-1　为 Task 指定 queue

```
t1 = BashOperator(
    task_id='run_in_bash_queue',
    bash_command='echo 1',
    queue='bash',
    dag=dag
)
```

代码清单 8-1 定义了一个 Task t1，它的构造参数中包含 queue='bash'，意思是 t1 应该被提交给名为 bash 的 queue。相应地，如果一个 Worker 被配置为监听 bash queue，那么这个 Worker 将运行 Task t1 的 Task Instance。

利用 queue 给 Worker 分组在生产集群中比较常见。比如，选出一组内存更多的 Worker，在上面部署 Spark 相关的 jar 包，并让它们监听名为 spark_dedicated 的 queue，再指定 Spark 所有的 Task 的 queue 参数为 spark_dedicated，就能确保 Spark 所有的 Task Instance 都在这些机器中运行，而不会被调度到其他机器，并且这些机器的资源被 Spark 的 Task Instance 独占，不会调度过来其他 Task Instance。

3. 自定义 Celery 配置

如果 Celery 的 Result Backend 采用 MySQL，那么需要特别注意一点：当客户端的连接长时间处于没有请求的状态，超过一个预设的过期时间，MySQL 的服务器会自动关闭客户端的连接，而客户端对此是不知情的。具体详情请参见 8.3.2 节。

Airflow 的各个组件都利用 Python 的 SQLAlchemy 模块连接数据库，SQLAlchemy 中客

户端的过期时间是用 pool_recycle 这个配置来表示的。代码清单 8-2 是 Airflow 的源代码中获取 pool_recycle 的方式。

代码清单 8-2　Airflow 源代码中获取 pool_recycle 的方式

```
pool_recycle = conf.getint('core', 'SQL_ALCHEMY_POOL_RECYCLE', fallback=1800)
```

从代码清单 8-2 可以看出，在 Airflow 中，如果配置了 [core] 部分的 sql_alchemy_pool_recycle 的值，这个值就会被当作 pool_recycle，如果没有配置，pool_recycle 默认取 1800s。

Airflow 的 Scheduler 和 Webserver 在启动时都会利用上面的代码获取 pool_recycle 后再进行 SQLAlchemy 的配置工作。但是，Airflow 的 Celery 模块也需要访问 MySQL，而 Airflow 中初始化 Celery 的代码忘记了这件事情。代码清单 8-3 展示了 2.2.4 版本的 Airflow 初始化 Celery 的代码。

代码清单 8-3　Airflow 源代码中初始化 Celery 的部分

```
if conf.has_option('celery', 'celery_config_options'):
    celery_configuration = conf.getimport('celery', 'celery_config_options')
else:
    celery_configuration = DEFAULT_CELERY_CONFIG

app = Celery(conf.get('celery', 'CELERY_APP_NAME'), config_source=celery_configuration)
```

当没有配置 [celery] 部分的 celery_config_options 时（这是默认情况），Airflow 会使用 DEFAULT_CELERY_CONFIG 作为初始化 Celery 的配置参数。代码清单 8-4 是 DEFAULT_CELERY_CONFIG 的内容。

代码清单 8-4　DEFAULT_CELERY_CONFIG 的内容

```
DEFAULT_CELERY_CONFIG = {
    'accept_content': ['json'],
    'event_serializer': 'json',
    'worker_prefetch_multiplier': conf.getint('celery', 'worker_prefetch_multiplier', fallback=1),
    'task_acks_late': True,
    'task_default_queue': conf.get('operators', 'DEFAULT_QUEUE'),
    'task_default_exchange': conf.get('operators', 'DEFAULT_QUEUE'),
    'task_track_started': conf.get('celery', 'task_track_started', fallback=True),
    'broker_url': broker_url,
    'broker_transport_options': broker_transport_options,
    'result_backend': conf.get('celery', 'RESULT_BACKEND'),
    'worker_concurrency': conf.getint('celery', 'WORKER_CONCURRENCY'),
}
```

代码清单 8-4 中并没有 pool_recycle 的配置。因此，在默认配置下，基于 Celery Executor 部署的 Airflow 集群都会有一个普遍的问题——在闲置一段时间后，第一个 Task 的执行会失败。图 8-2 是典型的报错信息。

```
[2022-02-25 00:32:00,294: WARNING/ForkPoolWorker-9] /usr/local/lib/python3.8/dist-packages/celery/app/trace.py:622 RuntimeWarning: Exception raised outside body: InterfaceError("(MySQLdb._exceptions.InterfaceError) (0, '')"):
Traceback (most recent call last):
  File "/usr/local/lib/python3.8/dist-packages/sqlalchemy/engine/base.py", line 1276, in _execute_context
    self.dialect.do_execute(
  File "/usr/local/lib/python3.8/dist-packages/sqlalchemy/engine/default.py", line 608, in do_execute
    cursor.execute(statement, parameters)
  File "/usr/local/lib/python3.8/dist-packages/MySQLdb/cursors.py", line 206, in execute
    res = self._query(query)
  File "/usr/local/lib/python3.8/dist-packages/MySQLdb/cursors.py", line 319, in _query
    db.query(q)
  File "/usr/local/lib/python3.8/dist-packages/MySQLdb/connections.py", line 259, in query
    _mysql.connection.query(self, query)
MySQLdb._exceptions.OperationalError: (4031, 'The client was disconnected by the server because of inactivity. See wait_timeout and interactive_timeout for configuring this behavior.')
```

图 8-2 基于 Celery Executor 部署的 Airflow 集群在默认配置下连接 MySQL 的问题

如果不希望出现上面的问题，就必须在初始化 Celery 的时候使用自定义配置，在 airflow.cfg 文件中添加下面的配置：

```
[celery]
celery_config_options = airflow.config_templates.customized_celery_config.CUSTOMIZED_CELERY_CONFIG
```

上面的配置将会告诉 Airflow 在初始化 Celery 时使用 airflow.config_templates.customized_celery_config.CUSTOMIZED_CELERY_CONFIG 这个配置。

我们在 Airflow 安装目录的 config_templates 目录下（/usr/local/lib/python3.8/dist-packages/airflow 是笔者的 Airflow 安装目录）创建 customized_celery_config.py 文件，内容如代码清单 8-5 所示。

代码清单 8-5 customized_celery_config.py 文件的内容

```python
from airflow.configuration import conf
from airflow.config_templates.default_celery import DEFAULT_CELERY_CONFIG

database_engine_options = {'pool_recycle': conf.getint('core', 'SQL_ALCHEMY_POOL_RECYCLE', fallback=1800)}

CUSTOMIZED_CELERY_CONFIG = DEFAULT_CELERY_CONFIG
CUSTOMIZED_CELERY_CONFIG['database_engine_options'] = database_engine_options
```

代码清单 8-5 定义了一个新的 Celery 配置 CUSTOMIZED_CELERY_CONFIG，它比 DEFAULT_CELERY_CONFIG 多出来一个配置项——database_engine_options。database_engine_options 的值为 {'pool_recycle': conf.getint('core', 'SQL_ALCHEMY_POOL_RECYCLE', fallback=1800)}，表示将 conf.getint('core', 'SQL_ALCHEMY_POOL_RECYCLE', fallback=1800) 的结果赋值给 pool_recycle，这与 Airflow 其他地方配置 pool_recycle 的方式是统一的。

我们通过自定义 Celery 配置的方式解决了 MySQL 的连接问题，实际上，这只是一个示例，它展示了自定义 Celery 配置能做什么，以及要怎么做。从这个示例引申，自定义 Celery 配置允许我们随心所欲地调整 Celery 模块的行为。

4. Broker 启用 SSL

当 Celery 的 Broker 开启 SSL 后，Airflow 的 Scheduler、Worker、Flower 等组件都需要作出针对性调整，因为它们都会作为客户端连接 Broker。图 8-3 是第 3 章展示过的 Airflow 基于 Celery Executor 的部署方案。

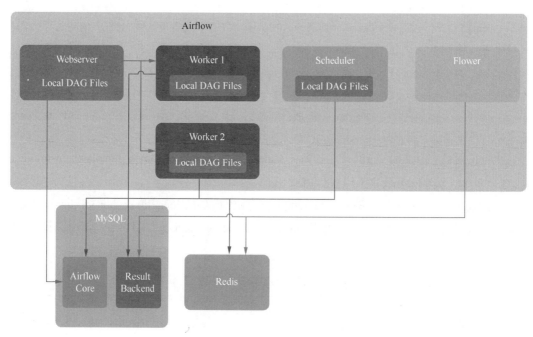

图 8-3　Airflow 集群部署方案（基于 Celery Executor）

图 8-3 中的 Broker 是 Redis。当 Redis 开启 SSL 后，Airflow 的 Scheduler、Worker、Flower 等组件都需要配置 SSL 连接信息，可以通过在 airflow.cfg 文件中加入下面的配置来实现：

```
[celery]
ssl_active = True
ssl_key = <path to key>
ssl_cert = <path to cert>
ssl_cacert = <path to cacert>
```

通过将 [celery] 部分的 ssl_active 配置为 True，告诉 Airflow 加载后面的 3 条 SSL 相关的配置。[celery] 部分的 ssl_key 配置代表密钥，[celery] 部分的 ssl_cert 配置代表证书，[celery] 部分的 ssl_cacert 配置代表根证书。

与上述配置相关的 Airflow 内部源代码如代码清单 8-6 所示。

代码清单 8-6　Airflow 源代码中与 Celery Broker SSL 配置有关的部分

```
try:
    if celery_ssl_active:
        if 'amqp://' in broker_url:
            broker_use_ssl = {
                'keyfile': conf.get('celery', 'SSL_KEY'),
                'certfile': conf.get('celery', 'SSL_CERT'),
                'ca_certs': conf.get('celery', 'SSL_CACERT'),
                'cert_reqs': ssl.CERT_REQUIRED,
            }
        elif 'redis://' in broker_url:
            broker_use_ssl = {
                'ssl_keyfile': conf.get('celery', 'SSL_KEY'),
                'ssl_certfile': conf.get('celery', 'SSL_CERT'),
                'ssl_ca_certs': conf.get('celery', 'SSL_CACERT'),
                'ssl_cert_reqs': ssl.CERT_REQUIRED,
            }
        else:
            raise AirflowException(
                'The broker you configured does not support SSL_ACTIVE to be True. '
                'Please use RabbitMQ or Redis if you would like to use SSL for broker.'
            )

        DEFAULT_CELERY_CONFIG['broker_use_ssl'] = broker_use_ssl
except AirflowConfigException:
    raise AirflowException(
        'AirflowConfigException: SSL_ACTIVE is True, '
        'please ensure SSL_KEY, '
        'SSL_CERT and SSL_CACERT are set'
    )
except Exception as e:
    raise AirflowException(
        'Exception: There was an unknown Celery SSL Error. '
        'Please ensure you want to use '
        'SSL and/or have all necessary certs and key ({}).'.format(e)
    )
```

从代码清单 8-6 能够得出的结论是，Airflow 对 Broker SSL 的支持仅限于下面两种 Broker。
- 采用 AMQP 的消息队列。由于这部分消息队列的 url 以 " amqp:// " 开头，因此会进入下面的 if 从句：

```
if 'amqp://' in broker_url:
```

❑ Redis（非 Sentinel 模式）。由于 Redis 消息队列的 url 以 "redis://" 开头，因此会进入下面的 if 从句：

```
elif 'redis://' in broker_url:
```

如果 Broker 是 Sentinel 模式的 Redis，那么 Broker 的 url 将会以 "sentinel://" 开头，根据代码清单 8-6 的逻辑，很明显会抛出 AirflowException。因此，当前版本的 Airflow 并不支持连接开启 SSL 的 Sentinel 模式的 Redis。那么是不是没有办法了呢？

回想一下前面提到的自定义 Celery 配置的内容，我们完全可以绕过 Airflow 的代码限制，用自定义配置的方式将 SSL 的信息传给 Celery。自定义配置的内容如代码清单 8-7 所示。

代码清单 8-7　用自定义 Celery 配置的方式绕过 Airflow 源代码以传递 SSL 信息

```
import ssl
CUSTOMIZED_CELERY_CONFIG['broker_use_ssl'] = {
    'ssl_keyfile': '<path to key>',
    'ssl_certfile': '<path to cert>',
    'ssl_ca_certs': '<path to cacert>',
    'ssl_cert_reqs': ssl.CERT_REQUIRED
}
CUSTOMIZED_CELERY_CONFIG['broker_transport_options'] = {
    'master_name': '<redis master name>',
    'sentinel_kwargs': {
        'ssl': 'True',
        'ssl_keyfile': '<path to key>',
        'ssl_certfile': '<path to cert>',
        'ssl_ca_certs': '<path to cacert>',
        'ssl_cert_reqs': ssl.CERT_REQUIRED
    }
}
```

代码清单 8-7 省略了 "ssl_keyfile" "ssl_certfile" "ssl_ca_certs" 和 "master_name" 这 4 个配置的值，用占位符 "<path to key>" "<path to cert>" "<path to cacert>" 和 "<redis master name>" 替代。读者如果需要使用代码清单 8-7，请根据自己环境的对应配置替换占位符的内容。

要访问开启 SSL 的 Redis Sentinel 节点，除了需要上述自定义配置文件之外，对软件的版本也有要求，Python 的 redis-py 模块的版本必须为 4.0.0 或者更高。

8.1.2 Kubernetes Executor 调优

1. 预留足够的资源

使用 Kubernetes Executor 时，Worker 是动态创建出来的。这就要求在 Kubernetes 集群的资源管控上为创建 Worker 预留足够的资源。这里说的资源包括但不限于 CPU 和内存。

2. 合理配置 DAGs 目录

Worker 是具体执行 Task Instance 的组件，它需要访问 DAGs 目录。在 Kubernetes Executor 模式下，这是一个值得考量的问题。使用 Celery Executor 或者 Dask Executor，由于 Worker 都是预先创建好的，因此可以提前在 Worker 上创建 DAGs 目录，以存储 DAG 文件。使用 Kubernetes Executor，由于 Worker 是动态创建出来的，因此不可能提前给 Worker 配置 DAGs 目录。解决的办法有如下两种。

- 在 Worker 启动之初增加一段逻辑来配置 DAGs 目录。
- 使用共享文件系统，让 Airflow 所有的组件共享一个 DAGs 目录，这样 Worker 在创建的时候也会挂载这个共享文件系统的 DAGs 目录。

3. 注意保存日志

Worker 在执行 Task Instance 时会输出日志，为了将来排查问题的需要，最好把这些执行日志持久化保存下来。持久化的方法有如下两种。

- 和外部系统集成，将日志保存到 S3、GS、Azure 甚至 Elasticsearch 中。
- 将 Logs 目录挂载为持久化存储，日志写到 Logs 目录。

8.1.3 Dask Executor 调优

1. Dask 启用 SSL

当 Dask 集群开启 SSL 后，Airflow 的 Dask Executor 需要配置 SSL 连接信息，可以通过在 airflow.cfg 文件中加入下面的配置来实现：

```
[dask]
tls_ca = <path to cacert>
tls_cert = <path to cert>
tls_key = <path to key>
```

[dask] 部分的 tls_ca 配置代表根证书，[dask] 部分的 tls_cert 配置代表证书，[dask] 部分的 tls_key 配置代表密钥。

2. 用 queue 进行 Worker 的分组

与 Celery Executor 相似，Dask Executor 也支持用 queue 进行 Worker 的分组。具体过程

分为两步。

步骤 1 给 Worker 增加启动参数。

在使用 dask-worker 命令启动 Dask Worker 时，可以通过额外的 --resources 参数指定一个或者多个 queue。参考命令如下：

```
dask-worker <scheduler_address> --resources="spark=inf,bash=inf"
```

上面的命令在启动 Dask Worker 时，使用 --resources 参数指定了 spark 和 bash 两个 queue。该 Dask Worker 只会监听和运行提交到这两个 queue 的 Task Instance。

步骤 2 为 Task 指定 queue。

这部分内容与 8.1.1 节的**步骤 2** 相同，不再赘述。

8.2 高可用

我们总是期望集群是高可用的。下面介绍高可用的 Scheduler 和 Webserver，乃至 Triggerer 应当如何部署。

8.2.1 高可用的 Scheduler

Airflow 对 Scheduler 的高可用做了比较好的支持，只需要确保数据库的版本足够高（PostgreSQL 9.6 及以上版本或者 MySQL 8 及以上版本），然后启动多个 Scheduler 即可。图 8-4 展示了包含两个 Scheduler 的 Airflow 的架构。

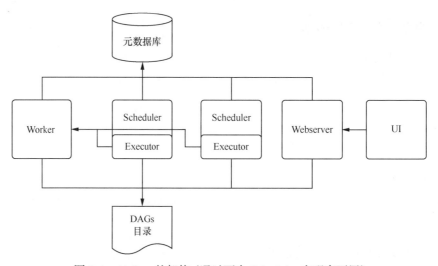

图 8-4　Airflow 的架构（通过两个 Scheduler 实现高可用）

8.2.2 高可用的 Webserver

Webserver 的高可用更加简单，它并不依赖数据库的版本，直接启动多个 Webserver 即可。图 8-5 展示了包含两个 Webserver 的 Airflow 的架构。

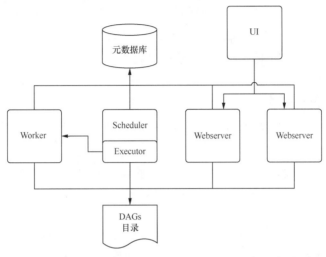

图 8-5　Airflow 的架构（通过两个 Webserver 实现高可用）

值得一提的是，多个 Webserver 前面一般会加上代理服务器，代理服务器对外提供统一的访问 URL，内部则将请求路由到不同的 Webserver 上，实现负载均衡。

8.2.3 高可用的 Triggerer

Triggerer 的高可用与 Webserver 相似，也不依赖数据库的版本，直接启动多个 Triggerer 即可。图 8-6 展示了包含两个 Triggerer 的 Airflow 的架构。

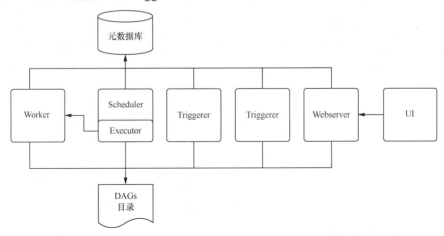

图 8-6　Airflow 的架构（通过两个 Triggerer 实现高可用）

8.3　鲁棒的数据库访问

Airflow 依赖数据库存储元信息，包括 Variable、Connection、Permission、Role、User、DAG Run 和 Task Instance 等。Airflow 支持的数据库有 PostgreSQL、MySQL、SQLite 和 MSSQL。其中，推荐在生产环境中使用的只有 PostgreSQL 和 MySQL。本节先针对 PostgreSQL 和 MySQL 分别给出优化建议，再介绍数据库的通用优化。

8.3.1　PostgreSQL 优化

MySQL 的连接是线程级的，而 PostgreSQL 的连接是进程级的。换句话说，每当一个请求过来时，PostgreSQL 会 fork 出一个新的进程，这是很大的开销。Airflow 是一款分布式的软件，由于每个组件都会建立一些连接，因此加在一起连接数会很大。在这种情况下，让 Airflow 直接连接 PostgreSQL 不是一个好主意。建议使用 PgBouncer 或者类似的连接池技术来保护 PostgreSQL。

8.3.2　MySQL 优化

MySQL 服务器会自动关闭长时间不活跃的连接。如果客户端的连接一直没有请求，MySQL 的服务器会在等待一段预设的时间后自动关闭客户端的连接。换句话说，如果 MySQL 客户端使用了连接池技术，并且在长时间空闲之后发送一个请求，那么这个请求会失败，因为连接在服务器端已经处于关闭状态。

基于 MySQL 的这个特性，一般在使用 MySQL 客户端时都会配置一个客户端的过期时间，超过该时间之后客户端会自动重建连接。当然，客户端的这个过期时间必须小于服务器的过期时间，否则没有意义。

在使用 MySQL 作为元数据库时，需要向数据库的管理员了解清楚数据库服务器端的连接过期时间，然后确保 pool_recycle 的值小于服务器端的数值。

8.3.3　数据库通用优化

除了专门为某种数据库做的优化之外，还有一些通用的配置优化适用于所有的数据库。

[core] 部分的 sql_alchemy_pool_size 配置定义了连接池的大小。[core] 部分的 sql_alchemy_max_overflow 配置代表连接池满了的情况下最多可以临时新增的连接数，这些新增的连接在使用完后会被销毁，而不是放回连接池。在同一时间，最多存在 sql_alchemy_pool_size + sql_alchemy_max_overflow 个连接。

代码清单 8-8 是笔者根据自己集群的资源状况进行的调整，大家可以作为参考。

代码清单 8-8　数据库访问配置调优

```
sql_alchemy_max_overflow = 10
sql_alchemy_pool_size = 10
```

8.4　简化 DAG 文件发布和解析

本节分为两部分：简化 DAG 文件发布，以及通过配置控制 DAG 文件解析的行为。在一个 Airflow 集群中，Webserver、Scheduler、Worker 都需要访问 DAG 文件，手动将 DAG 文件同步到各台机器上显然不是一种好的做法。更高效的方法会在 8.4.1 节介绍。DAG 文件发布之后，Scheduler 的 DagFileProcessorManager 负责进行 DAG 文件的解析，8.4.2 节会介绍一些可以控制 DAG 文件解析行为的配置。

8.4.1　简化 DAG 文件发布

在第 3 章中，我们选择用机器的本地目录作为 DAGs 目录，为了确保 DAG 文件在所有的机器上的副本一致，我们进行了手动同步操作。这样的操作是相当烦琐的，如果集群的规模扩大，DAG 文件增多，手动同步 DAG 文件将是不折不扣的灾难。借助于脚本或者合适的工具能大大简化发布 DAG 文件的流程。比如，实现一个脚本，SSH 登录到每一台机器上执行 git pull 命令从 GitHub 上拉取最新的 DAG 文件。

另外一种简化的思路是使用共享文件系统，让 Airflow 所有的组件共享 DAGs 目录，此时每次只要在一个地方更新 DAG 文件即可。

8.4.2　通过配置控制 DAG 文件解析的行为

Scheduler 的 DagFileProcessorManager 负责从 DAG 文件解析出 DAG 对象。可以通过配置控制它的行为，包括但不限于以下配置项。

- [core] 部分的 dagbag_import_error_tracebacks：如果该配置项设为 True，则当 DAG 解析失败时，Webserver UI 上不仅会显示报错消息，而且会显示详细的 traceback 信息。
- [core] 部分的 dagbag_import_error_traceback_depth：在上一个配置项设为 True 时，这个配置项决定了 traceback 信息的层数。
- [core] 部分的 dagbag_import_timeout：表示解析 DAG 的超时时间，单位是秒。
- [scheduler] 部分的 min_file_process_interval：表示每隔多久再次解析一个 DAG 文件，单位是秒。当我们更新 DAG 文件时，需要等待该配置项指定的时间，更新才会生效。

代码清单 8-9 是笔者在自己的集群中使用的相应配置，大家可以作为参考。

代码清单 8-9　DAG 文件解析配置

```
[core]
dagbag_import_error_tracebacks = True
dagbag_import_error_traceback_depth = 5
dagbag_import_timeout = 120.0

[scheduler]
min_file_process_interval = 30
```

8.5　用插件扩展集群的能力

第 7 章谈到 Airflow 的插件开发，但是给出的示例只是为了展示插件开发的流程，示例本身对于集群的优化和提升并没有帮助作用。接下来，我们将展示如何开发一个有实际意义的插件。

8.5.1　编写插件

我们要开发一个名叫 Refresh DAGs 的插件。顾名思义，这个插件提供了主动刷新 DAG 的功能。当我们把一个新的 DAG 文件放到 DAGs 目录后，常常要等待几分钟的时间，文件中的 DAG 才会出现在 Webserver 的 DAGs 页面上。这是由 Scheduler 中的 DagFileProcessorManager 模块决定的，DagFileProcessorManager 在默认情况下每隔 5min 检查一次 DAGs 目录中的新文件，也就是说，新的 DAG 文件在最坏情况下要等 5min 才会被处理。如果希望新的 DAG 文件立刻被处理，一般通过修改配置的方式将 5min 的间隔时间调小，这是一种被动的方式。Refresh DAGs 插件提供了另外一种方式——主动触发 Airflow 的相关逻辑，从而主动刷新 DAG。

插件的目录结构如图 8-7 所示。

```
refresh_dags_plugin
├── refresh_dags_plugin.py
└── templates
    └── refresh_dags_plugin
        └── index.html
```

图 8-7　Refresh DAGs 插件目录结构

在 refresh_dags_plugin 目录下有 templates 目录和 refresh_dags_plugin.py 文件。templates 目录下是 refresh_dags_plugin 目录，其内部包含了一个 HTML 模板文件——index.html。refresh_dags_plugin.py 是插件的代码文件。

index.html 文件的内容如代码清单 8-10 所示。

代码清单 8-10　index.html 文件的内容

```
{% extends "airflow/main.html" %}

{% block title %}
Refresh DAGs Plugin
{% endblock %}

{% block head_css %}
{{ super() }}
{% endblock %}

{% block body %}

<style type="text/css">
p {
  font-size: 200%;
}
</style>

<h1 style="margin-left: 2%;">Refresh DAGs</h1>

<h2 style="margin-left: 2%;">Total DAGs</h2>

<p style="margin-left: 2%;">{{dag_count}}</p>

<h2 style="margin-left: 2%;">Click Below Button to Refresh</h2>

<div>
    <form method="POST"
        target="_blank"
        action="/admin/refresh_dags/refresh"
        enctype="application/x-www-form-urlencoded"
        onsubmit="return disableEmptyFields(this)"
    >
        <input style="margin-left: 2%;" type="submit" class="btn btn-primary" value="Execute"/>
        </form>
    </div>
```

```
{% endblock %}

{% block tail %}
{{ super() }}
{% endblock %}
```

下面我们逐步分析 index.html。

首先，index.html 继承了 Airflow 的 main.html：

```
{% extends "airflow/main.html" %}
```

其次，集群的 DAG 总数是通过 dag_count 变量传递进来的：

```
<h2 style="margin-left: 2%;">Total DAGs</h2>

<p style="margin-left: 2%;">{{dag_count}}</p>
```

最后，是 index.html 的核心逻辑——一个表单：

```
<h2 style="margin-left: 2%;">Click Below Button to Refresh</h2>

<div>
    <form method="POST"
          target="_blank"
          action="/admin/refresh_dags/refresh"
          enctype="application/x-www-form-urlencoded"
          onsubmit="return disableEmptyFields(this)"
    >
        <input style="margin-left: 2%;" type="submit" class="btn btn-primary" value="Execute"/>
    </form>
</div>
```

该表单仅仅包含一个按钮，单击按钮会向后缀为 /admin/refresh_dags/refresh 的 URL 发送 POST 请求。

refresh_dags_plugin.py 文件的内容如代码清单 8-11 所示。

代码清单 8-11　refresh_dags_plugin.py 文件的内容

```
from airflow.models import DagBag, DAG
from airflow.plugins_manager import AirflowPlugin

from flask import Blueprint, jsonify
from flask_appbuilder import expose as app_builder_expose, BaseView as AppBuilderBaseView

from datetime import datetime
```

```python
import logging


def get_baseview():
    return AppBuilderBaseView


class RefreshDAGs(get_baseview()):
    route_base = "/admin/refresh_dags/"

    @app_builder_expose('/')
    def list(self):
        logging.info("RefreshDAGs.list() called")
        dagbag = DagBag()
        dag_count = len(dagbag.dags)
        return self.render_template("/refresh_dags_plugin/index.html", dag_count=dag_count)

    @app_builder_expose('/refresh', methods=["POST"])
    def refresh(self):
        final_response = {
            "status": "OK",
            "call_time": datetime.now()
        }
        logging.info("RefreshDAGs.refresh() called")
        try:
            dagbag = DagBag()
            # Save DAGs in the ORM
            dagbag.sync_to_db()

            # Deactivate the unknown ones
            DAG.deactivate_unknown_dags(dagbag.dags.keys())
        except Exception as e:
            error_message = "An error occurred while trying to Refresh all the DAGs: " + str(e)
            logging.error(error_message)
            final_response["response_time"] = datetime.now()
            final_response["http_response_code"] = 500
            final_response["output"] = error_message
            return jsonify(final_response)

        final_response["response_time"] = datetime.now()
        final_response["http_response_code"] = 200
```

```python
        final_response["output"] = "All DAGs are now up to date"
        return jsonify(final_response)


refresh_dags_view = {
    "category": "Admin",
    "name": "Refresh DAGs Plugin",
    "view": RefreshDAGs()
}

refresh_dags_bp = Blueprint(
    "refresh_dags_bp",
    __name__,
    template_folder='templates'
)


class RefreshDAGsPlugin(AirflowPlugin):
    name = "Refresh DAGs"
    operators = []
    appbuilder_views = [refresh_dags_view]
    flask_blueprints = [refresh_dags_bp]
    hooks = []
    executors = []
    menu_links = []
```

下面我们逐步分析 refresh_dags_plugin.py。

RefreshDAGsPlugin 类继承了 AirflowPlugin，实现了 refresh_dags_view 作为 appbuilder_views 以及 refresh_dags_bp 作为 flask_blueprints：

```python
class RefreshDAGsPlugin(AirflowPlugin):
    name = "Refresh DAGs"
    operators = []
    appbuilder_views = [refresh_dags_view]
    flask_blueprints = [refresh_dags_bp]
    hooks = []
    executors = []
    menu_links = []
```

refresh_dags_view 是由下面的代码创建的：

```python
refresh_dags_view = {
    "category": "Admin",
    "name": "Refresh DAGs Plugin",
    "view": RefreshDAGs()
}
```

因为 category 是 Admin，name 是 Refresh DAGs Plugin，所以插件实际安装之后会出现在 Airflow 菜单栏的 Admin 部分，名字是 Refresh DAGs Plugin。RefreshDAGs() 返回了一个 view 对象。该对象包含了插件的核心逻辑，后面内容会详细介绍。

refresh_dags_bp 是由下面的代码创建的：

```
refresh_dags_bp = Blueprint(
    "refresh_dags_bp",
    __name__,
    template_folder='templates'
)
```

template_folder 给出了模板文件的位置——在 templates 目录下。通过这个配置，Airflow Webserver 可以定位到 index.html 文件。

RefreshDAGs 类包含两个函数——list() 和 refresh()。在这两个函数之前有一行代码：

```
route_base = "/admin/refresh_dags/"
```

这行代码指定了 Refresh DAGs 插件的 URL 的路由规则。所有的 URL 前缀为 $WEBSERVER_URL/admin/refresh_dags/ 的请求都会被转给 Refresh DAGs 插件以便处理。

list() 函数负责利用 index.html 模板文件渲染出最终的 HTML：

```
@app_builder_expose('/')
def list(self):
    logging.info("RefreshDAGs.list() called")
    dagbag = DagBag()
    dag_count = len(dagbag.dags)
    return self.render_template("/refresh_dags_plugin/index.html", dag_count=dag_count)
```

list() 函数的前面有一行注解：@app_builder_expose('/')，意思是传给 Refresh DAGs 插件处理的所有的请求中，后缀为 "/" 的请求会被这个函数处理。list() 函数通过调用 Airflow 的代码获取所有的 DAGs，然后把 DAG 的总数存入 dag_count 变量，最后使用 dag_count 变量进行 index.html 模板的渲染。

refresh() 函数实现了主动刷新 DAG 的核心逻辑：

```
@app_builder_expose('/refresh', methods=["POST"])
def refresh(self):
    final_response = {
        "status": "OK",
        "call_time": datetime.now()
    }
    logging.info("RefreshDAGs.refresh() called")
    try:
```

```
        dagbag = DagBag()
        # Save DAGs in the ORM
        dagbag.sync_to_db()

        # Deactivate the unknown ones
        DAG.deactivate_unknown_dags(dagbag.dags.keys())
    except Exception as e:
        error_message = "An error occurred while trying to Refresh all the DAGs: " + str(e)
        logging.error(error_message)
        final_response["response_time"] = datetime.now()
        final_response["http_response_code"] = 500
        final_response["output"] = error_message
        return jsonify(final_response)

    final_response["response_time"] = datetime.now()
    final_response["http_response_code"] = 200
    final_response["output"] = "All DAGs are now up to date"
    return jsonify(final_response)
```

refresh() 函数前面有一行注解：@app_builder_expose('/refresh', methods=["POST"])，意思是传给 Refresh DAGs 插件处理的所有的请求中，后缀为 "refresh" 的 POST 请求会被这个函数处理。在前面内容中我们提到 index.html 包含一个表单，表单被提交后实际上就是给 refresh() 函数发送请求。refresh() 函数通过调用 Airflow DagBag 的 sync_to_db API 刷新 DAG。

8.5.2 安装插件

将 refresh_dags_plugin 文件夹放到 Airflow Webserver 的 Plugins 目录下，如果将 [webserver] 部分的 reload_on_plugin_change 配置为 True，则插件会自动加载，否则需要重启 Webserver 来加载插件。

8.5.3 测试插件

Refresh DAGs 插件支持两种测试方式——UI 单击和 REST API 调用。下面分别介绍。

测试 1 从 UI 单击刷新 DAG。

单击 Airflow 菜单栏的 Admin，在下拉菜单中选择 Refresh DAGs Plugin，如图 8-8 所示。此时会跳转到 Refresh DAGs Plugin 的页面，如图 8-9 所示。因为暂时还没有 DAG，所以 Total DAGs 下方显示的是 0。

第 8 章　Airflow 集群实践　≫　153

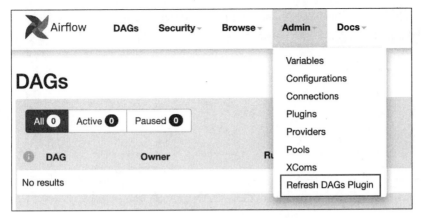

图 8-8　Refresh DAGs Plugin 在菜单栏中的位置

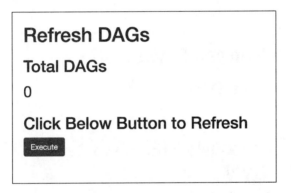

图 8-9　Refresh DAGs Plugin 的页面（没有 DAG）

准备一个 DAG 用来验证。将下面的内容写入一个文件，并命名为 test_refresh.py：

```
from airflow import DAG
from airflow.operators.dummy import DummyOperator
from datetime import datetime, timedelta

default_args = {
    'owner': 'airflow',
}

with DAG(dag_id='test_refresh',
         default_args=default_args,
         start_date=datetime(2020, 1, 1),
         schedule_interval=timedelta(days=1)
         ) as dag:
    DummyOperator(task_id='some_task')
```

再将文件复制到 Webserver、Scheduler 以及 Worker 的 DAGs 目录下。

单击图 8-9 的 Execute 按钮，再刷新 Webserver 的主页面，此时会出现名为 test_refresh 的 DAG，如图 8-10 所示。

图 8-10　出现的名为 test_refresh 的 DAG

继续刷新 Refresh DAGs Plugin 的页面，能够看到 Total DAGs 的数目从 0 变成 1，如图 8-11 所示。

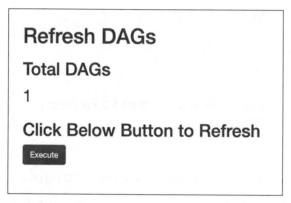

图 8-11　Refresh DAGs Plugin 的页面（1 个 DAG）

测试 2　调用 REST API 刷新 DAG。

再准备一个 DAG 用来验证。将下面的内容写入一个文件，并命名为 test_refresh_2.py：

```
from airflow import DAG
from airflow.operators.dummy import DummyOperator
from datetime import datetime, timedelta

default_args = {
    'owner': 'airflow',
}

with DAG(dag_id='test_refresh_2',
         default_args=default_args,
         start_date=datetime(2020, 1, 1),
         schedule_interval=timedelta(days=1)
```

```
        ) as dag:
    DummyOperator(task_id='some_task')
```

假设 Webserver 的地址是 http://localhost:8080，那么用 HTTP POST 请求调用 refresh API 的命令如下：

```
curl -XPOST 'http://localhost:8080/admin/refresh_dags/refresh'
```

假设请求被成功处理，会得到类似下面的响应：

```
{"call_time":"2022-02-21T05:59:28Z","http_response_code":200,"output":"All DAGs are now up to date","response_time":"2022-02-21T05:59:34Z","status":"OK"}
```

再刷新 Webserver 的主页面，此时会出现名为 test_refresh_2 的 DAG，如图 8-12 所示。

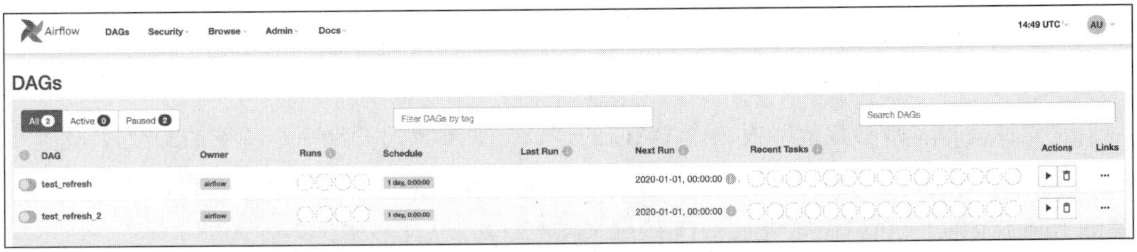

图 8-12　调用 REST API 刷新 DAG 后得到名为 test_refresh_2 的 DAG

继续刷新 Refresh DAGs Plugin 的页面，能够看到 Total DAGs 的数目从 1 变成 2，如图 8-13 所示。

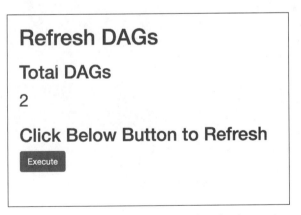

图 8-13　Refresh DAGs Plugin 的页面（2 个 DAG）

8.6　加强 REST API 的能力

6.3 节介绍了 Airflow 的 Webserver，并且给出了 Webserver 支持的 REST API 的列表。7.6

节介绍了 Airflow CLI，同样也给出了 CLI 支持的命令的列表。比较之后可以发现，CLI 能做到一些 REST API 不能做的事情。比如，我们可以通过下面一条 CLI 命令为已经存在的 Role 更新 Permission：

```
airflow sync-perm
```

但是，这样的功能在 REST API 中是没有的。REST API 允许我们通过编程的方式管理和使用 Airflow 集群，遗憾的是，Airflow 的一部分能力没有在 REST API 中暴露，所以编程式管理和使用 Airflow 集群的需求就不能被很好地满足。通过人为地使用 Webserver UI 和 Airflow CLI，可以弥补这部分缺陷，但是人工操作往往是低效的，且不能适用于自动化的场景。那么，有没有办法加强 REST API 的能力，让 REST API 能做到只有 CLI 才能做到的事情呢？

办法是有的，Airflow 的 REST API 中有这样一个 API：

```
POST /dags/{dag_id}/dagRuns
```

它允许使用者带参数地触发一个 DAG 的运行，如果我们设计一个特殊的 DAG，让这个 DAG 实现 CLI 所有的功能，根据传入参数的不同调用 CLI 的不同函数，就可以将 CLI 的全部能力赋予 REST API。代码清单 8-12 给出了这个特殊 DAG 的源代码。

代码清单 8-12　包含 CLI 所有的能力的 DAG

```
from datetime import datetime, timedelta

from airflow import DAG
from airflow.cli import cli_parser
from airflow.operators.python import PythonOperator

default_args = {
    'owner': 'airflow',
    'depends_on_past': False,
    'email': ['airflow@example.com'],
    'email_on_failure': False,
    'email_on_retry': False,
    'retries': 1,
    'retry_delay': timedelta(minutes=5),
}

dag = DAG(
    'run_airflow_cli',
    default_args=default_args,
    start_date=datetime(2020, 1, 1),
    schedule_interval=None,
    is_paused_upon_creation=False
```

)

```
def run_cli(**kwargs):
    params = kwargs.get('dag_run').conf
    args_list = params["cmd"].split()
    if args_list[0] == 'airflow':
        del args_list[0]
    parser = cli_parser.get_parser()
    args = parser.parse_args(args_list)
    args.func(args)


t1 = PythonOperator(
    task_id='run_cli',
    python_callable=run_cli,
    dag=dag
)
```

代码清单 8-12 展示的 DAG 的 dag_id 是 run_airflow_cli，DAG 的参数中 schedule_interval 被配置成 None，意思是这个 DAG 不能被 Airflow 的 Scheduler 触发，只能被外部触发。run_airflow_cli 是基于 PythonOperator 创建的，它最核心的逻辑在于 run_cli() 这个 Python 函数：

```
def run_cli(**kwargs):
    params = kwargs.get('dag_run').conf
    args_list = params["cmd"].split()
    if args_list[0] == 'airflow':
        del args_list[0]
    parser = cli_parser.get_parser()
    args = parser.parse_args(args_list)
    args.func(args)
```

run_cli() 函数首先会获取 DAG Run 的参数，保存到 params 变量中，然后对 params 变量进行两步处理。

步骤 1 获取以 "cmd" 为 key 的字符串，按照空白字符切分成 List。

步骤 2 去除 List 头部的 airflow 关键词（如果存在）。

处理好的 params 变成 args_list。然后调用 cli_parser.get_parser() 获取 Airflow CLI 使用的 parser。最后使用 parser 处理 args_list，调用 Airflow CLI 的内部代码实现功能。

下面我们测试一下 DAG run_airflow_cli。

假设 Webserver 的地址是 http://localhost:8080，采用 Basic Authentication，用户名是 admin，密码也是 admin，那么用 HTTP POST 请求触发 run_airflow_cli 的新一轮 DAG Run 的

命令如下：

```
curl -H "Content-Type: application/json" -XPOST -u admin:admin --data @payload.json 'http://localhost:8080/api/v1/dags/run_airflow_cli/dagRuns'
```

其中，payload.json 的内容如下：

```
{
    "conf": {
        "cmd": "airflow dags backfill -s 2023-01-01 -e 2023-01-31 some_dag"
    }
}
```

payload.json 的核心内容是一条 Airflow CLI 命令：

```
airflow dags backfill -s 2023-01-01 -e 2023-01-31 some_dag
```

该命令会触发 dag_id 为 some_dag 的 DAG 的 Backfill。注意，我们此时不是通过 Airflow CLI 直接执行这条命令，而是通过发送 REST API 请求而触发 DAG run_airflow_cli 的执行，由 run_airflow_cli 的 DAG Run 负责执行上述命令。

如果前面的 REST API 请求成功，应该会收到类似下面的响应：

```
{
    "conf": {
        "cmd": "airflow dags backfill -s 2023-01-01 -e 2023-01-31 some_dag"
    },
    "dag_id": "run_airflow_cli",
    "dag_run_id": "manual__2023-02-25T14:03:46.259179+00:00",
    "end_date": null,
    "execution_date": "2023-02-25T14:03:46.259179+00:00",
    "external_trigger": true,
    "logical_date": "2023-02-25T14:03:46.259179+00:00",
    "start_date": null,
    "state": "queued"
}
```

8.7 其他

在本节中，我们将会介绍实践的剩余内容。这部分内容或在前面的章节有所涉及，此处仅作为一个索引；或较为琐碎，归于一处便于查找。

8.7.1 让集群更安全

Airflow 的安全涉及的内容较多，包括访问层面的安全、数据层面的安全等。7.2 节有详细的介绍，这里不再赘述。

8.7.2 监控必不可少

一般来说，生产系统都需要加上监控，方便收集集群的运行状态。Airflow 天然支持 StatsD，如果环境中有 StatsD 服务器，可以选择打开 Airflow 的 metrics 功能，具体方法可以参考 7.3 节的内容。

8.7.3 为 DAG 和 Task 添加说明文档

编写 DAG 文件时一个好习惯是为 DAG 和 Task 添加说明文档，这些说明文档会出现在 Webserver UI 上。

Airflow 的 DAG 对象包含 doc_md 字段以便保存对 DAG 的说明，该字段支持 markdown 语法。代码清单 8-13 是一个为 DAG 添加说明文档的示例。

代码清单 8-13　为 DAG 添加说明文档

```
from airflow import DAG
from airflow.utils.dates import days_ago

dag1 = DAG("show_dag_doc", start_date=days_ago(2))

dag1.doc_md = """
# Title
This is DAG doc example.
"""
```

Task 对象在这方面做得更充分一点，有多个字段可以被用来保存对 Task 的说明，分别支持不同的语法。表 8-1 展示了 Task 字段名称和支持的语法之间的映射关系。

表 8-1　Task 字段名称和支持的语法之间的映射关系

字段名称	支持的语法
attribute	rendered to
doc	monospace
doc_json	json
doc_yaml	yaml
doc_md	markdown
doc_rst	reStructuredText

代码清单 8-14 是一个为 Task 添加说明文档的示例。

代码清单 8-14　为 Task 添加说明文档

```
from airflow import DAG
from airflow.operators.dummy_operator import DummyOperator
from airflow.utils.dates import days_ago

dag1 = DAG("show_task_doc", start_date=days_ago(2))

t1 = DummyOperator(task_id="some_task", dag=dag1)

t1.doc_md = """
# Title
This is Task doc example.
"""
```

值得一提的是，当我们使用 @dag 装饰器来构造 DAG，或者使用 @task 装饰器来构造 Task 时，不需要为 DAG 或 Task 显式地设置说明文档，Airflow 会自动将装饰器修饰的函数的 __doc__ 属性的内容作为说明文档。

8.7.4　配置邮件通知

在构造 DAG 的时候一个很有用的功能是指定失败（failure）和重试（retry）的时候发送邮件通知。代码清单 8-15 是一个配置邮件通知的示例。

代码清单 8-15　配置邮件通知

```
default_args = {
    'owner': 'airflow',
    'start_date': datetime(2020, 1, 1),
    'email': ['pengzhu@ebay.com'],
    'email_on_failure': True,
    'email_on_retry': True,
}

dag = DAG(
    'send_email',
    default_args=default_args,
    schedule_interval=timedelta(days=1)
)
```

在代码清单 8-15 中，default_args 字典包含了 3 个配置项：email 是收件地址，email_on_failure 和 email_on_retry 分别控制失败和重试时是否要发送邮件到前面的收件地址。为了简明扼要地说明问题，代码中省略了构造 Task 的部分。

当然，在 DAG 中配置收件地址只是解决了向哪里发送邮件的问题。怎么发送邮件是

Email Backend 关心的事情。Airflow 支持多种 Email Backend，选择什么样的 Email Backend 是通过 [email] 部分的 email_backend 配置项决定的。一般来说，使用 Airflow 内置的邮件发送模块就足够了，下面是配置方法：

```
[email]
email_backend = airflow.utils.email.send_email_smtp
```

Airflow 内置的邮件发送模块是通过 SMTP 服务器发送邮件的，所以我们还需要配置 SMTP 服务器的连接方式，这是通过下面的配置项实现的：

```
[smtp]
smtp_host = <smtp host>
smtp_port = <smtp port>
smtp_user = <smtp user>
smtp_password = <smtp password>
```

[smtp] 部分的 smtp_host、smtp_port、smtp_user 和 smtp_password 配置分别对应 SMTP 服务器的地址、端口、用户名和密码。如果不希望将用户名和密码存储在 airflow.cfg 中，可以选择创建一个名为 smtp_default 的 Connection 来保存它们，Airflow 会默认去这个 Connection 加载 SMTP 的用户名和密码。如果希望使用 smtp_default 以外的 Connection 来存储用户名和密码，就需要通过 [email] 部分的 email_conn_id 配置告诉 Airflow 该 Connection 的名字。

除了上面的配置项之外，还有一些配置项值得一提：

```
[webserver]
base_url = <base url>

[smtp]
smtp_mail_from = <smtp mail from>

[email]
subject_template = </path/to/my_subject_template_file>
html_content_template = </path/to/my_html_content_template_file>
```

Airflow 发送的邮件中会贴上 Webserver 的地址，这个地址是由 [webserver] 部分的 base_url 配置指定的。[smtp] 部分的 smtp_mail_from 配置定义了发送地址，[email] 部分的 subject_template 和 html_content_template 配置分别定义了邮件主题和邮件内容的模板，如果没有配置，Airflow 会使用默认的模板。

8.7.5 控制调度的并发度

控制调度的并发度的配置项主要有：[core] 部分的 dag_concurrency 配置决定了单个 DAG

最多可以同时运行的 Task Instance 数目，[core] 部分的 max_active_runs_per_dag 配置决定了单个 DAG 最多可以同时运行的 DAG Run 数目，[core] 部分的 parallelism 配置决定了整个集群可以同时运行的 Task Instance 数目的上限。

在资源足够的情况下，适当增大并发度是有必要的。但是也不能盲目地把并发度调得太大，否则会造成 Task Instance 之间的资源争用，反而带来问题。代码清单 8-16 是笔者在自己的集群中使用的相应配置，大家可以作为参考。

代码清单 8-16　调度的并发度调优

```
[core]
dag_concurrency = 64
max_active_runs_per_dag = 64
parallelism = 128
```

8.8　本章小结

本章的内容是对笔者搭建、使用和运维 Airflow 集群的经验和教训的总结。Airflow 是一个非常优秀的调度系统，它很容易上手，但是要用好却不容易。希望笔者的经验能加深读者对 Airflow 系统的理解，早日成为 Airflow 领域的专家。

第 9 章　Airflow 的新功能

Airflow 是一款非常具有活力的软件，版本的迭代速度非常快。笔者刚开始动笔撰写本书时是 2021 年 9 月，当时 Airflow 的最新版本还是 2.1.4，没过 1 个月，Airflow 的 2.2.0 版本就发布了。在随后的 2022 年，Airflow 连续发布了 2.3 版本、2.4 版本和 2.5 版本。一年之内 3 次大的版本发布，带来了更多高级和有用的新功能。本书的前面 8 章都是基于 Airflow 2.2.4 版本撰写的，在本章中，读者将会学习 Airflow 2.3 版本、2.4 版本、2.5 版本的新功能。

9.1　Airflow 2.3 版本的新功能

Airflow 2.3 版本最核心的功能是动态 Task 映射，顾名思义，Task 的数量不是预先定义好的，而是在运行时动态决定的。此外，这个版本的 Airflow 还提供网格视图（Grid View）以及其他一些新功能。

9.1.1　动态 Task 映射

动态 Task 映射是一个非常强大的功能。在此之前，DAG 的开发人员需要在编写 DAG 的时候确定 Task 的数量。试想这样一种场景，1 个 DAG 有 10 个并列的 Task，它们一同处理每天的业务数据，当每天有 10 万条数据时，每个 Task 仅需要处理 1 万条数据，但是，当每天的数据量增长到 100 万条时，每个 Task 就必须处理 10 万条数据，处理时间大大增加。动态 Task 映射能够很好地解决上述问题，当每天的数据量是 10 万条时，Airflow 的 Scheduler 动态创建出 10 个 Task 进行处理，当每天的数据量是 100 万条时，Scheduler 动态创建出 100 个 Task 进行处理，每个 Task 处理的数据量始终是 1 万条，执行时间不会有太大起伏。

1. 一个简单的示例

我们通过一个简单的示例来介绍动态 Task 映射。请看代码清单 9-1。

代码清单 9-1　一个动态 Task 映射的简单示例

```
from datetime import datetime

from airflow import DAG
from airflow.decorators import task

with DAG("simple_mapping", start_date=datetime(2020, 1, 1)) as dag:

    @task
    def add_one(x: int):
        return x + 1

    @task
    def sum_it(values):
        total = sum(values)
        print(f"Total was {total}")

    added_values = add_one.expand(x=[1, 2, 3])
    sum_it(added_values)
```

代码清单 9-1 定义了一个 dag_id 为 simple_mapping 的 DAG，这个 DAG 包含两个 Task——add_one 和 sum_it，add_one 属于 mapped Task，sum_it 属于 reduce Task。动态 Task 映射涉及一个关键函数——expand()，这个函数的作用是把 dict（字典）或者 list（列表）类型的参数展开，将其中的每个元素与 mapped Task 进行映射，以生成一个新的 Task。在代码清单 9-1 中，expand() 函数是这样使用的：

```
added_values = add_one.expand(x=[1, 2, 3])
```

这行代码的意思是，add_one 会被映射成 3 个 Task，传入的参数分别是 x=1、x=2、x=3。因为 add_one 的逻辑是把传入的参数加 1 再返回，所以 added_values 这个列表中的元素的真实值分别是 2、3、4。之所以要说真实值，是因为 added_values 并不是一个普通的列表，它本质上是一个代理，存放的是指向真实值的指针，而真实值是 add_one 映射出来的 Task 在运行时生成的。只有在被实际访问时，added_values 列表中的元素才会触发获取真实值的逻辑。

sum_it 是 add_one 的下游 Task，它会获取所有的 add_one 映射出来的 Task 的结果（通过 added_values 列表），再进行加和，因为 added_values 列表中的元素的真实值分别为 2、3、4，所以 sum_it 的结果是 9。

在动态 Task 映射中，mapped Task 是必需的，但是 reduce Task 不是必需的。

图 9-1 展示了代码清单 9-1 的 DAG 在 Airflow Webserver UI 中的图形视图。

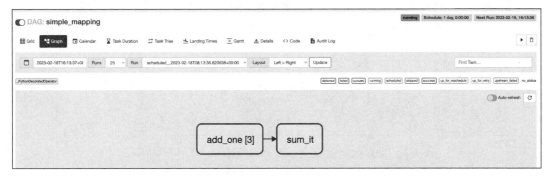

图 9-1　DAG simple_mapping 在 Webserver UI 中的图形视图

2. 重复映射

一个 mapped Task 的结果可以被另一个 mapped Task 利用，如代码清单 9-2 所示。

代码清单 9-2　将一个 mapped Task 的结果传递给另一个 mapped Task

```
from datetime import datetime

from airflow import DAG
from airflow.decorators import task

with DAG("repeated_mapping", start_date=datetime(2020, 1, 1)) as dag:

    @task
    def add_one(x: int):
        return x + 1

    added_values = add_one.expand(x=[1, 2, 3])
    added_values_2 = add_one.expand(x=added_values)
```

代码清单 9-2 有两个 mapped Task，第一个 mapped Task 使用列表 [1, 2, 3] 作为 expand() 函数的输入，产生的结果是 added_values 列表，它包含的元素的真实值分别为 2、3、4；第二个 mapped Task 将 added_values 列表作为 expand() 函数的输入，产生的结果是 added_values_2 列表，它包含的元素的真实值分别为 3、4、5。

图 9-2 展示了代码清单 9-2 的 DAG 在 Airflow Webserver UI 中的图形视图。

图 9-2 中的两个 Task 的名字分别为 add_one 和 add_one__1，这是因为 mapped Task add_one 被 expand 了两次，为了在命名上有所区分，Airflow 自动给第二个加了后缀 "__1"。

图 9-2　DAG repeated_mapping 在 Webserver UI 中的图形视图

3. 常量映射

expand() 函数将字典或者列表展开，把其中的元素映射到不同的 Task 中，它处理的是运行时的变量。与之对应，partial() 函数负责将常量映射到 Task 中。代码清单 9-3 给出了一个使用 partial() 函数的示例。

代码清单 9-3　一个使用 partial() 函数的示例

```
@task
def add(x: int, y: int):
    return x + y


added_values = add.partial(y=10).expand(x=[1, 2, 3])
```

代码清单 9-3 中的 Task add 接收两个参数——x 和 y。对 Task add 进行动态 Task 映射时使用 partial() 函数将每个 Task 的 y 参数都固定为 10，使用 expand() 函数将列表 [1, 2, 3] 展开，分别传给每个 Task 的 x 参数。最终会得到如下所示的 3 个 Task：

```
add(x=1, y=10)
add(x=2, y=10)
add(x=3, y=10)
```

4. 多维映射

代码清单 9-1 中的 Task add_one 只接收 1 个参数，这个参数被 expand() 函数用于一维的映射。虽然代码清单 9-3 中的 Task add 可以接收两个参数，但是其中一个参数被 partial() 函数使用，只留下一个参数给 expand() 函数用作一维的映射。事实上，expand() 函数可以支持多维的映射。代码清单 9-4 给出了一个示例。

代码清单 9-4　使用 expand() 函数进行多维映射

```
@task
def add(x: int, y: int):
    return x + y


added_values = add.expand(x=[2, 4, 8], y=[5, 10])
```

代码清单 9-4 中的 Task add 与代码清单 9-3 中的 Task add 一模一样。只不过在进行动态 Task 映射时，Task add 的两个参数——x 和 y 都被 expand() 函数使用，x 参数的取值由列表 [2, 4, 8] 中的元素决定，y 参数的取值由列表 [5, 10] 中的元素决定，这是一次二维的映射。因为 x 参数的取值有 3 种，y 参数的取值有 2 种，所以一共会产生 3×2（6）个 Task，如下所示：

```
add(x=2, y=5)
add(x=2, y=10)
add(x=4, y=5)
add(x=4, y=10)
add(x=8, y=5)
add(x=8, y=10)
```

5. 动态映射

截至目前，我们看到的示例都是让 expand() 函数接收一个或者多个预先定义好的列表，因为列表中的元素都是确定的，所以映射出来的 Task 也都是确定的，完全可以不使用动态 Task 映射技术而达到同样的效果。因此，这些示例并不能反映出动态 Task 映射的强大之处，下面我们来看一下代码清单 9-5 所示的示例，它会反映出动态 Task 映射的"动态"之处。

代码清单 9-5　动态 Task 映射的"动态"之处

```
@task
def make_list():
    dynamic_list = xxx
    return dynamic_list


@task
def consumer(arg):
    print(arg)


with DAG(dag_id="dynamic-map", start_date=datetime(2022, 4, 2)) as dag:
    consumer.expand(arg=make_list())
```

代码清单 9-5 中的 Task consumer 接收一个名为 arg 的参数，expand() 函数在进行动态

Task 映射时将 Task make_list 的返回值作为输入。在这个示例中，Task make_list 的返回值是 dynamic_list，而 dynamic_list 的赋值并没有给出具体的实现，只是用了占位符，代码如下：

```
dynamic_list = xxx
```

想象一下，我们完全可以把充当占位符的代码做一个替换，将 dynamic_list 赋值为一个数据库查询语句的结果，或者 API 调用的返回值，或者任何其他的运行时获得的数据集。因为 dynamic_list 的内容是运行时动态决定的，所以 Task consumer 被映射成多少个 Task，每个 Task 的参数是什么，也都是动态决定的，这正是动态 Task 映射的魅力所在。

6. 非 TaskFlow 类型的 Task 的映射

前面的示例使用的都是 TaskFlow 类型的 Task，实际上，动态 Task 映射并不是 TaskFlow 类型的 Task 的专属。接下来的两个示例都涉及将动态 Task 映射用于 Operator 类型的 Task。

代码清单 9-6 展示了结合 BashOperator 使用动态 Task 映射的示例。

代码清单 9-6　结合 BashOperator 使用动态 Task 映射

```
BashOperator.partial(task_id="bash", do_xcom_push=False).expand(
    bash_command=["echo 1", "echo 2"]
)
```

代码清单 9-6 同时使用了 partial() 函数和 expand() 函数，其中，partial() 函数负责映射 task_id 和 do_xcom_push 参数，这两个参数的取值在所有的映射出来的 Task 中都是固定的，expand() 函数负责将一个包含两条 Bash 命令的列表展开，把两条命令分别传给两个 Task。

代码清单 9-7 展示了如何将一个 Operator 类型的 Task 的结果传递给 expand() 函数。

代码清单 9-7　将 Operator 类型的 Task 的结果传递给 expand() 函数

```
from airflow import XComArg

t1 = MyOperator(task_id="source")

t2 = MyOperator2.partial(task_id="consumer").expand(input=XComArg(t1))
```

代码清单 9-7 包含两个 Task——t1 和 t2。Task t2 是一个 mapped Task，它利用了 Task t1 的返回值进行映射。Task t1 的返回值存放在 XCom 中，通过传入 XComArg(t1) 这样的方式告诉 expand() 函数去 XCom 中获取 Task t1 的返回值。

expand() 函数接收的参数本质上只能是字典或者列表类型，XComArg 对象是 XCom 中一份数据的指针，该份数据本身也必须是字典或者列表类型的。

9.1.2 网格视图

Airflow 的 2.3 版本用新的网格视图（Grid View）取代了过去的树视图（Tree View）。我们用一个示例来展示二者的区别。代码清单 9-8 是一个包含诸多 Task 和 TaskGroup 的 DAG。

代码清单 9-8　包含诸多 Task 和 TaskGroup 的 DAG

```
from datetime import datetime, timedelta

from airflow import DAG
from airflow.operators.dummy import DummyOperator
from airflow.utils.task_group import TaskGroup

default_args = {
    'owner': 'airflow',
    'depends_on_past': False,
    'email': ['airflow@example.com'],
    'email_on_failure': False,
    'email_on_retry': False,
    'retries': 1,
    'retry_delay': timedelta(minutes=5),
}

dag1 = DAG(
    'big_dag',
    start_date=datetime(2020, 1, 1),
    default_args=default_args,
    schedule_interval=timedelta(days=1)
)

tg1 = TaskGroup(
    group_id='A',
    dag=dag1
)

ta1 = DummyOperator(
    task_id='a1',
    dag=dag1,
    task_group=tg1
)

ta2 = DummyOperator(
```

```python
    task_id='a2',
    dag=dag1,
    task_group=tg1
)

ta3 = DummyOperator(
    task_id='a3',
    dag=dag1,
    task_group=tg1
)

ta4 = DummyOperator(
    task_id='a4',
    dag=dag1,
    task_group=tg1
)

ta5 = DummyOperator(
    task_id='a5',
    dag=dag1,
    task_group=tg1
)

tg2 = TaskGroup(
    group_id='B',
    dag=dag1
)

tb1 = DummyOperator(
    task_id='b1',
    dag=dag1,
    task_group=tg2
)

tb2 = DummyOperator(
    task_id='b2',
    dag=dag1,
    task_group=tg2
)

tb3 = DummyOperator(
    task_id='b3',
    dag=dag1,
    task_group=tg2
)
```

```
tb4 = DummyOperator(
    task_id='b4',
    dag=dag1,
    task_group=tg2
)

tb5 = DummyOperator(
    task_id='b5',
    dag=dag1,
    task_group=tg2
)

t3 = DummyOperator(
    task_id='c',
    dag=dag1
)

t4 = DummyOperator(
    task_id='d',
    dag=dag1
)

t5 = DummyOperator(
    task_id='e',
    dag=dag1
)

tg2.set_upstream(tg1)
t3.set_upstream(tg1)
t4.set_upstream(tg1)
t4.set_upstream(tg2)
t4.set_upstream(t3)
t5.set_upstream(tg1)
t5.set_upstream(t3)
t5.set_upstream(t4)
```

在代码清单 9-8 所示的 DAG 中，dag_id 为 big_dag，它包含两个 TaskGroup——A 和 B，以及 3 个 Task——c、d、e，TaskGroup A 包含 5 个 Task——a1、a2、a3、a4、a5，TaskGroup B 包含 5 个 Task——b1、b2、b3、b4、b5。从结构上看，这是一个比较大的 DAG。图 9-3 展示了 DAG big_dag 在 Webserver UI 中的图形视图。图 9-4 展示了 DAG big_dag 在 Airflow 2.2.4 版本 Webserver UI 中的树视图。图 9-5 展示了 DAG big_dag 在 Airflow 2.3.4 版本 Webserver UI 中的网格视图。

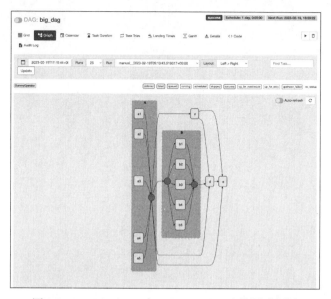

图 9-3　DAG big_dag 在 Webserver UI 中的图形视图

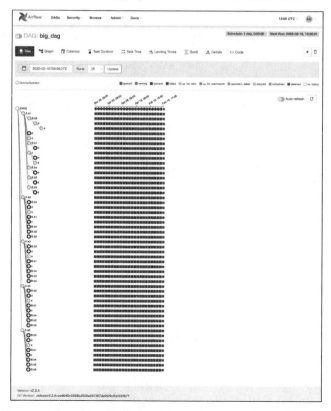

图 9-4　DAG big_dag 在 Airflow 2.2.4 版本 Webserver UI 中的树视图

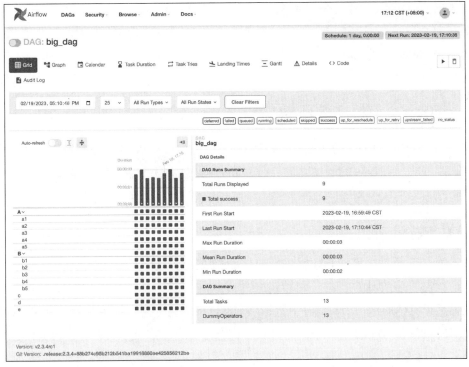

图 9-5　DAG big_dag 在 Airflow 2.3.4 版本 Webserver UI 中的网格视图

比较图 9-4 和图 9-5，可以很明显地发现，树视图在展示结构复杂的 DAG 时比较杂乱。树视图为了展示清楚 Task 之间的依赖关系，会让有多个上游依赖的 Task 在树的节点中反复出现，这样容易造成混淆。网格视图摒弃了展示 Task 之间依赖关系的需求，反而更加简洁、美观。

9.1.3　其他功能

Airflow 2.3 版本还有许多小的功能点，列举如下。

❑ 新增数据库清理命令。

❑ 新增 LocalKubernetesExecutor。

❑ 允许 DagProcessorManager 作为独立进程运行。

❑ Connection 支持 JSON serialization 格式。

❑ 新增数据库降级命令。

❑ 允许重用 TaskFlow。

❑ DAG 文件解析时支持不同的超时设置。

- 新增 DAG 重序列化命令。
- 新增 Events Timetable。
- 新增 SmoothOperator。

9.2　Airflow 2.4 版本的新功能

Airflow 2.4 版本最核心的功能是数据感知调度，它赋予了 Airflow 根据数据集进行调度的能力。在此之前，Airflow 的调度都是基于时间的。此外，这个版本的 Airflow 还提供其他一些新功能。

9.2.1　数据感知调度

数据感知调度是一种新的调度方式。DAG 的触发不再基于时间，而是基于数据集是否有更新。

我们通过具体的示例来认识一下数据感知调度的魅力。这个示例由两个 DAG 组成，上游的 DAG 负责更新数据集，而下游的 DAG 负责监听数据集的更新动作，当数据集更新后下游的 DAG 被触发。

代码清单 9-9 展示了上游的 DAG。

代码清单 9-9　数据感知调度示例——上游的 DAG

```
from airflow import Dataset


dataset = Dataset(uri='my-dataset')

with DAG(dag_id='producer', ...)
    @task(outlets=[dataset])
    def my_task():
        ...
```

代码清单 9-9 展示了一个 dag_id 为 producer 的 DAG，它包含一个 Task，这个 Task 会更新 uri 为 "my-dataset" 的数据集。

代码清单 9-10 展示了下游的 DAG。

代码清单 9-10　数据感知调度示例——下游的 DAG

```
from airflow import Dataset
```

```
dataset = Dataset(uri='my-dataset')

with DAG(dag_id='consumer', schedule=[dataset]):
    ...
```

代码清单 9-10 展示了一个 dag_id 为 consumer 的 DAG，它的 schedule 参数被设置为 uri 为"my-dataset"的数据集，意思是当"my-dataset"代表的数据集发生变化时，DAG consumer 会被触发。结合代码清单 9-9，很明显，在这个示例中，当上游的 DAG producer 运行一轮后，下游的 DAG consumer 也会自动运行一轮。

 注意

数据感知调度中的数据集更新只是一个抽象概念，并不涉及数据的读写。只要 DAG 配置 outlets 等于某个数据集，就代表该 DAG 会更新这个数据集。相应地，如果 DAG 配置 schedule 等于某个数据集，就代表该 DAG 会感知到上游 DAG 更新这个数据集的动作。

9.2.2 其他功能

Airflow 2.4 版本还有许多小的功能点，列举如下。
- 新增 ExternalPythonOperator。
- 改进动态 Task 映射。
- 优化创建 DAG 的逻辑。
- 改进 TaskFlow。
- 在 ExternalTaskSensor 中支持 TaskGroup。
- Webserver UI 显示优化。
- 新增删除 Role 命令。

9.3 Airflow 2.5 版本的新功能

Airflow 2.5 版本并没有带来全新的功能，而是对前面版本的功能做了深入的优化和改进，列举如下。
- 改进数据感知调度。

- 改进动态 Task 映射。
- 优化网格视图中的日志输出。
- 改进 airflow dags test 命令。

9.4 本章小结

从 Airflow 的版本发布频率来看，Airflow 是一个非常活跃的软件项目，如果读者将要使用或者正在使用 Airflow 作为调度系统，这是一件好事，因为活跃代表着更快的 Bug 修复和功能迭代。当然，活跃的代价是用户需要及时了解 Airflow 的最新进展，在工程中合理运用 Airflow 新颖和稳定的功能，放弃过时或尚未稳定的功能。本章总结了 Airflow 2.3 版本、2.4 版本、2.5 版本的新功能，对于读者了解 Airflow 项目的最新进展会有所助益。

第 10 章 其他调度系统

Airflow 是一个主流的调度系统,但是它并不是唯一的调度系统。其他常见的调度系统包括 DolphinScheduler、AWS Step Functions、Google Workflows、Azkaban 和 Kubeflow 等。本章将会简单介绍这些调度系统,并且将它们与 Airflow 进行比较。相信通过本章的学习,读者会对 Airflow 的优势和劣势有更清晰的认识。

10.1 DolphinScheduler

DolphinScheduler 是一个开源的分布式任务调度系统,由 Apache 软件基金会孵化,目前已经成为 Apache 孵化器的顶级项目之一。

DolphinScheduler 具有高可靠性、高可用性、易于扩展和管理的特点,它支持常见的任务类型,包括 Shell、MapReduce、Spark、SQL 等,并提供丰富的任务调度策略,包括定时调度、依赖调度、手动调度等。DolphinScheduler 还提供了实时监控和告警功能,可以实时监测任务执行状态,并通过电子邮件、微信等方式进行告警。

DolphinScheduler 支持多种部署方式,包括单机部署、伪集群部署、集群部署和 Kubernetes 部署,用户可以根据实际需求选择合适的方式。此外,DolphinScheduler 还提供了简单易用的 Web UI 和 API,方便用户进行任务调度和管理。

10.1.1 DolphinScheduler 的架构

图 10-1 展示了 DolphinScheduler 的架构。

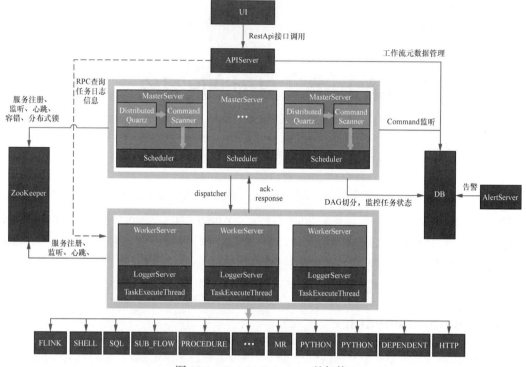

图 10-1 DolphinScheduler 的架构

DolphinScheduler 主要包含的组件如下。

- MasterServer：DolphinScheduler 的核心组件之一，它是整个调度系统的控制中心，负责任务调度、任务监控和任务管理等功能。MasterServer 还负责监听其他 MasterServer 以及 WorkerServer 的健康状态。
- WorkerServer：DolphinScheduler 调度系统的另一个核心组件，它是执行任务的节点，负责接收 MasterServer 分配的任务，执行任务并将任务的执行结果反馈给 MasterServer。
- ZooKeeper：一个开源的分布式协调服务，由 Apache 基金会开发和维护。它提供了一组简单而强大的 API，可以帮助应用程序实现分布式应用的协调、同步和配置管理等功能。DolphinScheduler 组件中的 MasterServer 和 WorkerServer 都通过 ZooKeeper 来进行集群管理和容错。
- AlertServer：主要用于处理告警和通知相关的功能。它负责收集和处理系统中产生的告警信息，并根据用户设定的规则进行告警通知，包括邮件、微信等多种通知方式。

AlertServer 的设计和实现使得 DolphinScheduler 可以及时发现并处理系统中的异常情况，提高了系统的稳定性和可用性。
- APIServer：提供对 DolphinScheduler 的管理和调用接口，方便用户进行任务调度、工作流管理、任务监控等操作，提高了系统的可用性和管理效率。
- UI：DolphinScheduler 的 Web 前端界面，是用户与 DolphinScheduler 交互的主要方式。它提供了直观易用的操作界面，方便用户进行任务调度、工作流管理、任务监控等操作。

DolphinScheduler 的架构设计充分体现了去中心化的设计思想。MasterServer 和 WorkerServer 都是去中心化的，这样做有如下两点好处。
- 高可用。去中心化的架构能够实现高可用性，即在 MasterServer/WorkerServer 节点宕机或出现故障时，调度系统仍能够继续运行。这是因为 DolphinScheduler 中的 MasterServer/WorkerServer 节点是相互独立的，它们之间不会有单点故障，所以，即使其中一个节点宕机，调度系统仍能够继续运行，从而保证了调度系统的高可用性。
- 易于扩展。去中心化的架构能够实现分布式扩展，即可以方便地扩展 MasterServer/WorkerServer 节点的数量，以应对不断增长的任务量和并发量。这是因为 DolphinScheduler 中的 MasterServer/WorkerServer 节点可以根据需要自由地添加或删除，而且它们之间的负载均衡能够自动实现，从而保证系统的可扩展性。

10.1.2　DolphinScheduler 的特点和优势

DolphinScheduler 具有如下的特点和优势。
- 分布式架构。DolphinScheduler 采用分布式架构，可以有效地解决任务调度的并发、高可用和负载均衡等问题。
- 多租户支持。DolphinScheduler 支持多租户模式，可以在同一个集群中为不同的用户或组织提供独立的任务调度服务。
- 丰富的任务调度类型。DolphinScheduler 支持多种任务类型，包括 Shell、Python、Hadoop 等，可以满足不同的业务场景和需求。
- 灵活的任务调度策略。DolphinScheduler 支持多种任务调度策略，包括定时调度、依赖调度、手动触发等，可以根据任务的不同需求进行灵活的调度设置。
- 可视化任务调度管理。DolphinScheduler 提供了可视化的任务调度管理界面，方便用户进行任务的创建、修改、删除和监控等操作。

- 可扩展性强。DolphinScheduler 采用了开放的插件机制，用户可以根据自己的需求进行二次开发和扩展。
- 支持大规模任务调度。DolphinScheduler 支持大规模任务调度，可以在海量数据处理和分析场景中保持稳定和高效。
- 安全性高。DolphinScheduler 支持多层安全防护，包括用户认证、权限控制、数据加密等，保障用户数据的安全性和隐私性。

10.1.3　DolphinScheduler 与 Airflow 的对比

与 Airflow 相比，DolphinScheduler 有如下优点。

- 多租户支持。DolphinScheduler 支持多租户模式，而 Airflow 不支持。
- 支持大规模任务调度。DolphinScheduler 在大规模任务调度中性能优越，而 Airflow 的任务调度性能在集群规模扩大时会受到影响。
- 更易于使用。Airflow 的开发者认为工作流的最佳表示方式是代码，所以 Airflow 在设计上遵从了"代码优先"的理念，使用 Airflow 的用户必须会编写 Python 代码，这对一部分用户来说是很困难的。与此相反，DolphinScheduler 允许用户可视化绘制工作流，这大大降低了使用门槛。

与 Airflow 相比，DolphinScheduler 有如下的缺点。

- 社区相对较小。因为 DolphinScheduler 的社区相对于 Airflow 的较小，因此在功能上可能不如 Airflow 丰富。
- 生态相对不够成熟。DolphinScheduler 的生态相对不够成熟，例如在一些常用的数据处理和分析场景中可能需要自己开发或通过第三方插件来实现。

10.2　AWS Step Functions

AWS Step Functions 是由 Amazon Web Services（AWS）提供的全托管的无服务器工作流服务。它使得用户能够使用可视化工作流来协调和管理分布式应用程序和微服务的组件。

Step Functions 支持各种 AWS 服务和第三方服务，包括 AWS Lambda、AWS Batch、AWS Fargate、Amazon ECS、Amazon SNS 等。使用 AWS Step Functions，可以很轻松地做到集成不同的服务和使用最少的代码来构建复杂的工作流。

Step Functions 还提供了重试、错误处理和并行处理等功能，有助于确保工作流可靠和高效运行。它允许用户通过实时监控和日志记录来跟踪工作流的进度并诊断任何出现的问题。

此外，Step Functions 提供了多款工作流管理和监控工具，包括 AWS 管理控制台、AWS 命令行界面（CLI）和 API。这使得用户能够以灵活和可扩展的方式创建、管理和监视工作流。

10.2.1　AWS Step Functions 的特点和优势

AWS Step Functions 具有如下特点和优势。
- 简化工作流的开发和管理。AWS Step Functions 提供了一种可视化的状态机设计方式，可以让用户通过简单的拖放操作创建工作流，而无须编写复杂的代码。
- 集成 AWS 服务。AWS Step Functions 可以轻松集成 AWS 的各种服务，例如 AWS Lambda、AWS Batch、Amazon ECS 等，方便用户构建复杂的分布式应用程序。
- 提供强大的监控和日志记录工具。AWS Step Functions 提供了强大的监控和日志记录工具，方便用户进行实时监控和问题排查。
- 安全可靠。AWS Step Functions 是一种全托管的服务，可以提供高可靠性和安全性，保障工作流的正常运行。

10.2.2　AWS Step Functions 与 Airflow 的对比

Airflow 是一个开源的分布式工作流管理器，它使用代码定义工作流，提供了丰富的操作符和插件，可以对复杂的工作流进行可视化管理。Airflow 可以运行在各种环境中，包括云环境和本地环境。Airflow 也提供了灵活的插件和扩展机制，方便集成各种不同的服务和系统。

综上所述，AWS Step Functions 和 Airflow 都是优秀的工作流管理工具，但它们的设计思想和适用场景有所不同。如果用户使用 AWS 云环境，并需要集成各种 AWS 服务，那么 AWS Step Functions 是首选。而如果用户需要在其他环境中管理复杂的工作流，并希望有更灵活的扩展和插件机制，那么 Airflow 更适合。

10.3　Google Workflows

Google Workflows 是一项云托管的工作流服务，它提供了一种方便、灵活和可靠的方式来创建和管理应用程序的工作流，这些工作流可以自动化执行一系列任务和操作，例如部署、测试、监控和维护等。使用 Google Workflows，开发人员和组织可以通过编写简单的 YAML

文件来定义工作流，而无须编写复杂的代码或手动执行重复的任务。

Google Workflows 允许用户通过组合不同的服务和平台来创建工作流，包括云函数、云存储、消息队列和数据库等。这样，用户可以轻松地实现跨不同服务和平台的工作流自动化，从而大大提高应用程序的开发和部署效率。

另外，Google Workflows 还提供了一些高级功能，使得用户能够更加灵活和高效地管理工作流。同时，Google Workflows 还提供了可扩展性、安全性和可靠性等方面的保证，确保用户能够在云端构建出高质量的工作流。

10.3.1 Google Workflows 的特点和优势

Google Workflows 具有如下特点和优势。

- 灵活和易于编写。Google Workflows 使用 YAML 语言来定义工作流，语法简单易懂，易于编写和维护。
- 可扩展性和集成性。Google Workflows 支持与多种 Google Cloud 服务和第三方服务的集成，如 Cloud Functions、Cloud Run、Cloud Storage、Pub/Sub 和 Cloud SQL 等，可以轻松构建复杂的应用程序和工作流。
- 可视化和调试工具。Google Workflows 提供了可视化的工具，使得开发人员能够更加方便地管理和调试工作流。
- 强大的控制和监控。Google Workflows 提供了丰富的控制和监控功能，例如条件执行、异常处理、重试和超时等，使得用户能够更好地控制和管理工作流。
- 安全性和可靠性。Google Workflows 提供了严格的安全和可靠性保证，例如数据加密、身份验证和访问控制等，确保用户数据的安全和工作流的可靠性。

10.3.2 Google Workflows 与 Airflow 的对比

我们可以从以下的多个角度对 Google Workflows 和 Airflow 进行对比。

- 语言和编写方式。Google Workflows 使用 YAML 语言来定义工作流，而 Airflow 使用 Python 语言来定义工作流。由于 YAML 语言比 Python 语言更简单易懂，因此 Google Workflows 的编写方式更加简单和直观，同时它也更适合缺少编程背景的用户使用。
- 部署和运行环境。Google Workflows 是完全托管的云服务，用户无须自行部署和维护，可以直接在 Google Cloud 上运行。而 Airflow 需要用户自己部署和管理，可以运行在本地或云端环境中。

- 可视化和调试工具。Google Workflows 提供可视化的工具来创建、编辑和调试工作流，而 Airflow 提供了基于 Web 的用户界面来展示和管理工作流。两者都提供了非常方便的可视化工具。
- 集成和扩展性。Google Workflows 提供与 Google Cloud 服务和第三方服务的集成。而 Airflow 具有丰富的插件生态系统，可以方便地扩展到不同的数据源和服务。两者都具有非常强大的集成和扩展能力，可以根据不同的需求进行选择。
- 控制和监控功能。Google Workflows 和 Airflow 都提供了非常丰富的控制和监控功能。

综上所述，Google Workflows 更适合缺少编程背景的用户或者需要在完全托管的云服务环境中使用工作流的用户，而 Airflow 更适合具有编程背景的用户或者希望自己搭建和部署工作流平台的用户。

10.4 Azkaban

Azkaban 是一个开源的批处理任务调度系统，它由 LinkedIn 开发和维护。Azkaban 被广泛用于 Hadoop 生态系统中的大规模数据处理，包括 ETL、数据仓库、机器学习和数据分析等领域。

Azkaban 支持以下主要功能。

- 定义工作流。Azkaban 提供了一个易于使用的 Web 用户界面，允许用户定义工作流。工作流是由多个任务组成的，每个任务可以是 shell 命令、Hive 查询、Pig 脚本等。
- 安排工作流。Azkaban 允许用户为工作流安排调度时间和频率，可以是一次性、每日、每周等。
- 监视工作流。Azkaban 提供了一个实时监视工作流的用户界面，用户可以查看工作流的状态、运行日志和错误信息。
- 用户管理。Azkaban 提供了用户管理功能，允许管理员添加、删除和管理用户以及其权限。
- 邮件通知。Azkaban 可以发送邮件通知工作流的状态，包括成功、失败和超时等。

10.4.1 Azkaban 的特点和优势

Azkaban 具有如下特点和优势。

- 易于使用。Azkaban 提供了一个用户友好的 Web 界面，使用户能够轻松地定义、安排和监视工作流程。它还提供了易于理解的错误信息和日志，使用户能够快速排除问题。
- 可扩展性。Azkaban 可以轻松地扩展到处理大规模数据集群。它支持分布式执行，可以在多个节点上同时运行作业以提高效率。
- 可定制性。Azkaban 提供了许多自定义选项，允许用户根据他们的需求进行个性化配置。例如，用户可以定义自己的通知机制，以满足特定的监控要求。
- 强大的调度功能。Azkaban 具有灵活的调度功能，可以按照时间表、依赖性和其他条件来调度作业。这种灵活性使得它非常适合复杂的数据处理流程。
- 安全性。Azkaban 提供了许多安全功能，例如用户身份验证和权限管理，以确保数据和系统的安全性。

10.4.2　Azkaban 与 Airflow 的对比

Azkaban 的优势在于对 Hadoop、Pig、Hive 的原生支持，但是作为一个通用的调度系统，Azkaban 的功能远远没有 Airflow 丰富。以下是 Azkaban 较之于 Airflow 欠缺的地方。
- 任务类型不够多。Azkaban 支持的任务类型偏向于 Hadoop 生态系统，而 Airflow 除了支持 Hadoop 生态系统的任务之外还支持 SQL、HTTP 等多种多样的任务类型。
- 不支持工作流之间的依赖。Azkaban 用 Project 表示工作流，但是不支持 Project 之间的依赖。由于 Airflow 用 DAG 表示工作流，支持 DAG 之间的依赖，因此 Airflow 能适用于更加复杂的场景。
- 不支持任务的回填（Backfill）。Azkaban 不支持任务的回填，但 Airflow 支持。

综上所述，Azkaban 更适合 Hadoop 类型的任务调度，而当我们需要一个通用的调度系统时，Airflow 较为合适。

10.5　Kubeflow

Kubeflow 是一个用于机器学习工作流程的开源平台，它基于 Kubernetes 并集成了多种开源机器学习工具，为数据科学家、机器学习工程师和研究人员提供了一种管理和部署机器学习工作流的方式。Kubeflow 提供了一系列组件和工具，可以简化模型训练、调试、部署和管理的流程。

Kubeflow 平台的目标是为用户提供一个端到端的机器学习解决方案，简化机器学习工作流程，提高生产力，并支持更好的协作和可重复性。

10.5.1　Kubeflow 的特点和优势

Kubeflow 具有如下特点和优势。
- 强大的可扩展性。Kubeflow 是基于 Kubernetes 构建的，可以利用 Kubernetes 的强大扩展性和自动化来管理机器学习工作负载，从而实现高度可扩展性。
- 开放性和可定制性。Kubeflow 是一个开放的平台，可以与多种机器学习工具和框架集成。此外，用户可以根据自己的需求进行自定义配置和扩展。
- 简化机器学习工作流程。Kubeflow 提供了一系列组件和工具，可以简化模型训练、调试、部署和管理的流程，提高生产力。
- 高度可视化和可管理性。Kubeflow 提供了可视化的工作流程编辑器，可以让用户轻松创建、运行和管理机器学习工作流。此外，用户可以通过 Kubernetes 的控制面板进行集中管理。
- 支持协作和可重复性。Kubeflow 支持多用户协作和共享，可以让用户方便地共享代码、数据和模型。此外，Kubeflow 还支持可重复性实验，可以帮助用户确保他们的实验是可重复的。
- 完整的机器学习解决方案。Kubeflow 提供了端到端的机器学习解决方案，可以支持整个机器学习生命周期的需求，包括数据准备、模型训练、模型评估和模型部署。

10.5.2　Kubeflow 与 Airflow 的对比

Kubeflow 和 Airflow 都是流行的开源工作流管理平台，但它们的设计目标有所不同。Kubeflow 的设计目标是提供一个基于 Kubernetes 的机器学习平台，可以支持整个机器学习生命周期的需求。而 Airflow 的设计目标是提供一个通用的工作流管理平台，可以管理各种类型的任务。因此，Kubeflow 是天然为机器学习而生的，它为机器学习做了很多优化，并且提供了大量的支持功能。如果要在 Airflow 上创建机器学习的工作流，开发人员需要自己实现相关的优化和功能。

从另一个角度来看，Kubeflow 这种特化的平台对于通用的工作流的支持明显比不上 Airflow。比如，在 Kubeflow 上运行 Hadoop 或者 Spark 任务就不是一件很容易的事情。此外，Kubeflow 对于大数据的支持也不够友好。

总之，如果关注点是机器学习的工作流管理，那么 Kubeflow 更适合。如果关注点是通用工作流的管理，那么 Airflow 是更好的选择。

10.6 本章小结

本章分析了多款常见的调度系统：DolphinScheduler、AWS Step Functions、Google Workflows、Azkaban 和 Kubeflow。通过将各个调度系统与 Airflow 进行对比，我们能够更清楚地知道 Airflow 擅长做什么，不擅长做什么。显然，Airflow 不可能在所有的情况下都是最优的选择。在适合的场景中发挥 Airflow 的优势，在不适合的场景中选择其他的调度系统，才能做到事半功倍。

附录 A　Docker 简介

Docker 是目前流行的 Linux 容器解决方案。Docker 可以将软件打包成容器——容器具有运行软件所需的所有的功能，包括库、系统工具、代码和运行时。使用 Docker，能够做到快速构建、测试和部署应用程序。在本附录中，我们将简单介绍 Docker 的定义、核心概念、优点和局限性等，以帮助读者更好地了解 Docker 的技术和应用。

A.1　什么是 Docker

当今互联网时代，随着软件开发和运维的需求不断增加，传统的应用程序部署和管理方式已经不能满足当前的需求。虚拟化技术是一种有效的解决方案，但是早期的虚拟化技术存在一些问题，如资源浪费、启动时间长等。近些年出现的容器虚拟化方案充分利用了操作系统本身已有的机制和特性，可以实现轻量级的虚拟化，所以被称为新一代的虚拟化技术，Docker 毫无疑问是其中的佼佼者。

那么，什么是 Docker？它跟虚拟化技术又有什么关系呢？

A.1.1　Docker 的定义

Docker 是一个开源的容器化平台。它基于 Linux 容器技术，并提供了一个简单易用的 API 和工具集，可以将应用程序及其依赖的软件库等打包在一起，并在不同的环境中轻松部署和运行。

Docker 可以帮助开发人员、运维人员和 DevOps 团队更轻松地构建、部署和管理应用程序和服务，从而提高开发效率、降低系统管理成本，并加速应用程序的发布。与传统的虚拟化技术相比，Docker 的容器化技术更加轻量级和高效，可以在同一主机上运行多个独立的容器，从而实现更好的资源利用率和更快的部署与启动时间。

Docker 的生态系统还提供了丰富的开源工具和技术，如 Docker Compose、Docker Swarm 和 Kubernetes 等。这些工具可以帮助开发人员和运维人员更好地管理和部署容器化应用程序和服务。

A.1.2　Docker 的前世今生

如果一个应用程序在某台机器上能够正常运行，我们希望该应用程序也能在另一台机器上运行，在虚拟化技术出现之前，这是不容易做到的。因为应用程序的正常运行，不仅依赖程序自身，还需要操作系统、库、配置等的配合。要让应用程序在另一台机器上运行，除了复制程序，还必须合理配置相关的依赖。

虚拟机是一种早期的虚拟化技术，虚拟机软件支持在操作系统中运行另外一套操作系统，后者被称为虚拟机。虚拟机以文件的形式存储在底层操作系统上，因此移植虚拟机到另一台机器上是很简单的，只需要把虚拟机的文件都复制过去即可。因为虚拟机是一个完整的操作系统，其中包含了应用程序及其依赖，所以，如果把虚拟机移植到另一台机器上并启动，应用程序是能够正常运行的。虚拟机的出现成功解决了应用程序部署的痛点，但是虚拟机本身有很多缺点，比如资源占用多、启动慢等。

虚拟机一词指代了多个概念，既可以指一种虚拟化技术，又可以指利用该虚拟化技术运行于真实操作系统之上的虚拟操作系统。

为了规避虚拟机的弊端，Linux 操作系统发展出一种新的虚拟化技术——Linux 容器（Linux Container，LXC）。虚拟机模拟出一款完整的操作系统，费时费力。Linux 容器并不会模拟出完整的操作系统，而是对进程进行隔离。进程运行在容器内部，它使用的各种资源都是由容器虚拟的，从而实现了与底层操作系统的隔离。因为容器作用在进程级别，所以较之于虚拟机，具有启动快、资源占用少、体积小的优点。

Docker 最初是对 Linux 容器的一种封装，它基于 LXC 技术构建，除了运行容器之外，还具备其他多项功能，包括构建容器、传输镜像以及控制镜像版本等。但是发展到后来，Docker 逐渐摆脱了对 LXC 技术的依赖，所以 Docker 是 Linux 操作系统的容器解决方案，但是它和传统意义上的 Linux 容器是不一样的。

A.2　Docker 的核心概念

Docker 的核心组件——Docker 引擎（Docker Engine）是实现容器化技术的关键。Docker 引擎包括一系列的工具和 API，用于在容器中打包、运行、管理应用程序和服务。在 Docker 引擎的背后，还有一系列的技术和机制，如镜像、容器、网络和存储等，它们相互协作，为容器化技术的实现提供了支持和保障。了解 Docker 引擎及其相关的技术和机制，对于使用 Docker 进行应用程序开发和部署非常重要。

A.2.1 Docker 引擎

Docker 引擎是 Docker 平台的核心组件，用于实现容器化技术的核心功能。它由一系列工具和 API 组成。Docker 引擎采用了 Linux 容器技术，使得应用程序可以在单台主机上运行多个相互隔离的容器实例，从而实现资源的有效利用和应用程序的高效部署。

Docker 引擎主要包括以下 3 个核心组件。

- Docker Daemon：运行在主机上的守护进程，用于接收 Docker API 的请求，并管理容器的生命周期、网络和存储等方面的操作。
- Docker Client：一款命令行工具，用于向 Docker Daemon 发送命令，并与之交互。Docker Client 支持多种操作系统，如 Linux、MacOS 和 Windows 等，可以通过命令行或 API 进行操作。
- Docker Registry：用于存储和分发 Docker 镜像的中央仓库。由于 Docker Registry 支持多种存储后端，如本地文件系统、Amazon S3 等，因此分享和分发 Docker 镜像非常方便。

Docker 引擎还提供了一系列的命令和 API，用于构建、打包、发布和管理容器化应用程序。通过使用 Docker 引擎，开发人员可以快速构建和部署容器化应用程序，并更加高效地利用主机的资源。

A.2.2 Docker 镜像

Docker 镜像（Docker Image）是一种轻量级、可移植的打包格式，用于在 Docker 引擎中创建和运行容器。镜像是应用程序和依赖库等组件的静态描述，其中包含了应用程序的运行环境和配置信息等。可以把 Docker 镜像看作容器的模板，容器是由镜像创建的运行实例。

Docker 镜像的构建基于 Dockerfile，这是一个文本文件，其中包含一系列的指令和参数，用于描述应用程序的构建和运行过程。通过 Dockerfile，可以定义应用程序所需的环境、依赖库、配置文件以及应用程序的启动命令等信息。随后，使用 Docker 的构建工具将 Dockerfile 转换为 Docker 镜像，该镜像可以用于创建和运行容器。

Docker 镜像是通过层次结构组织的，每一层都包含了文件系统的增量变化。这种结构使得 Docker 镜像能够实现共享和复用，当多个镜像包含相同的层次时，这些层次只需要存储一次，从而节省存储空间。此外，由于 Docker 镜像是不可变的，可以方便地进行版本控制和管理，有利于应用程序的构建、测试和部署。

A.2.3　Docker 容器

　　Docker 容器（Docker Container）是 Docker 平台的一种虚拟化技术，用于在操作系统层面上实现应用程序的隔离和封装。它是 Docker 镜像的运行实例，可以运行在任何支持 Docker 引擎的主机上，实现应用程序的高效部署和运行。

　　Docker 容器提供了一种轻量级、可移植的应用程序封装和部署方式，可以实现应用程序的快速启动和停止，以及快速迁移和扩展。每个容器都具有自己的文件系统、网络和进程空间，可以隔离应用程序及其依赖库等组件，确保应用程序在容器中运行时不会相互干扰。

　　Docker 容器的运行是基于 Docker 镜像创建的，每个容器都可以基于同一镜像创建多个运行实例。容器可以在短时间内启动和停止，具有非常高的灵活性和可扩展性。因为 Docker 镜像是不可变的，所以我们可以方便地对容器进行版本控制和管理。这使得应用程序的构建、测试和部署更加快捷。

A.2.4　Docker 仓库

　　Docker 仓库（Docker Registry）是用于存储、管理和分享 Docker 镜像的中央存储库。

　　Docker 仓库提供了一种集中式的管理方式，使得用户可以方便地上传、下载和共享 Docker 镜像。它包括两种类型——公共仓库和私有仓库。

　　公共仓库是由 Docker 公司维护的开放存储库，其中包含了大量的常用 Docker 镜像，任何人都可以下载和使用。其中著名的是 Docker Hub，它是世界上最大的 Docker 镜像注册中心之一，其中包括数十万的公共 Docker 镜像。

　　私有仓库是用户自己搭建的 Docker 镜像存储库，用于存储用户自己创建的 Docker 镜像。它可以保护用户的隐私和安全，使得用户可以方便地在自己的内部网络环境中管理和分享 Docker 镜像。同时，它还可以提高应用程序的部署和运行效率，特别是在分布式系统和微服务架构中的应用更加广泛。

　　总之，Docker 仓库是 Docker 平台的一个重要组成部分，用于管理和分享 Docker 镜像。它提供了一种集中式的管理方式，使得用户可以方便地上传、下载和共享 Docker 镜像，同时也提高了应用程序的部署和运行效率。

A.2.5　Docker 网络

　　Docker 网络是一种用于容器间通信的网络架构，使得容器之间可以相互通信、共享数据和资源，从而形成一个虚拟网络环境。在 Docker 网络中，每个容器都有一个唯一的 IP 地址，并且可以通过容器名称来相互访问。

Docker 支持多种网络模式，包括桥接模式、主机模式、覆盖网络模式等。其中，桥接模式是最常用的网络模式，它通过在 Docker 主机上创建一个虚拟网桥来实现容器之间的通信。在这种模式下，每个容器都有一个唯一的 IP 地址，可以通过容器名称或 IP 地址进行访问。

除了桥接模式以外，Docker 还支持主机模式。在这种模式下，容器直接使用宿主机的网络，与宿主机共享 IP 地址和端口号，所以容器与宿主机之间的网络性能比较好，但容器之间的隔离性较差。

此外，Docker 还支持覆盖网络模式。在这种模式下，可以创建一个虚拟网络，让容器在不同的 Docker 主机之间通信。这种模式可以很好地解决容器跨主机通信的问题，但需要一些额外的配置和管理。

A.2.6 Docker 存储

Docker 存储是指在 Docker 容器中管理数据的方法和工具，用于存储和管理容器内的文件和数据，包括容器的文件系统、日志文件、配置文件等。

Docker 存储有两种类型——容器存储和数据卷存储。容器存储是指将数据直接存储在容器的文件系统中，这种存储方式适用于容器中的临时数据，例如日志文件和缓存文件等。数据卷存储则是将数据存储在主机上的目录中，并将这个目录挂载到容器中，这种存储方式适用于需要在容器之间共享数据的情况。

Docker 存储还支持多种驱动程序，例如本地驱动程序、网络存储驱动程序和云存储驱动程序等。本地驱动程序是默认的存储驱动程序，它使用本地文件系统来存储数据。网络存储驱动程序允许容器在不同的 Docker 主机之间共享存储，例如 NFS 和 GlusterFS 等。云存储驱动程序允许容器使用云存储服务，例如 Amazon S3 和 Microsoft Azure Blob 存储等。

A.3 Docker 的优点

Docker 的出现彻底改变了传统应用程序开发和部署的方式，带来了许多好处。在本节中，我们将着眼于 Docker 技术的优点，探讨为什么越来越多的人将 Docker 作为他们的应用程序开发、部署和运维的首选技术。

A.3.1 更高的可移植性

Docker 容器可以在任何支持 Docker 的主机上运行，而且容器可以在不同的环境中具有相同的行为和性能，从而大大降低应用程序在不同平台上的部署和运行难度。这种可移植性使得 Docker 成为一种非常适合云计算和容器编排技术的解决方案，例如 Kubernetes 和 Docker Compose 等。通过 Docker，应用程序可以在不同的云计算平台和容器编排平台上运行，从而提高应用程序的灵活性和可扩展性。

例如，如果要将一个 Web 应用程序从本地环境部署到生产环境。在传统的部署方式下，我们需要手动配置服务器环境、安装应用程序的依赖项、部署应用程序，最后确保所有的组件都能正常运行。上述过程可能非常烦琐和容易出错。而在使用 Docker 的情况下，我们只需要将应用程序打包成一个 Docker 镜像，然后在生产环境中运行这个镜像即可，这个过程完全自动化且高度可重复。因为 Docker 镜像是不可变的，所以无论在哪个环境中运行，镜像的行为和性能都是相同的，这样就可以轻松地在不同的环境中部署应用程序，而不必担心环境差异导致的问题。这种可移植性是 Docker 的一个非常重要的优点，使得它成为现代应用程序开发、测试和部署的首选技术。

A.3.2　更快的部署和启动时间

Docker 使用容器化技术，可以快速地启动和停止容器，从而加速了应用程序的部署和更新过程。在传统的部署方式下，应用程序的部署需要花费大量的时间来安装和配置服务器环境、部署应用程序的依赖项等。而在使用 Docker 的情况下，我们只需要使用一个 Docker 镜像来部署应用程序，这个镜像包含了所有的依赖项和配置，因此部署过程可以非常快速和高效。这样可以大大加快应用程序的部署和更新过程，提高开发人员和运维人员的工作效率。

A.3.3　更好的资源利用率

传统的服务器部署方式需要为每个应用程序分配一整个操作系统实例，这样会浪费大量的资源，特别是当运行多个应用程序时，会造成服务器资源的浪费。

Docker 的容器技术可以让开发人员将应用程序及其依赖项打包到一个容器中，并在需要的时候快速启动这个容器。由于 Docker 的容器是轻量级的，因此可以在同一台服务器上运行多个容器，而这些容器可以共享主机的操作系统内核和硬件资源，从而减少了服务器资源的浪费，提高了服务器的资源利用率。

A.3.4　更简单的维护和更新操作

传统的应用程序部署方式需要手动安装和配置依赖项与应用程序，这通常需要耗费大量的时间和精力。而 Docker 可以将应用程序及其依赖项打包到一个容器中，从而实现应用程序的轻松部署和维护。

使用Docker进行应用程序部署，可以大大减少部署和更新所需的时间和精力。Docker镜像是不可变的，因此可以方便地进行版本控制和管理，这使得应用程序的更新变得更加简单。此外，Docker容器与操作系统分离，因此更新容器不会影响主机操作系统，这意味着可以更加灵活地进行更新和维护。

举个例子，如果要更新一个传统的应用程序部署，那么需要手动安装和配置新的依赖项和应用程序，并确保这个过程没有影响到系统的稳定性。而使用Docker进行应用程序部署，只要构建一个新的Docker镜像，然后通过Docker引擎启动新的容器即可完成更新，这大大简化了部署和更新的过程。

A.4 Docker的局限性

虽然Docker技术包含许多优点，但是也存在一些局限性。下面介绍Docker的局限性。

A.4.1 对于某些应用程序不适用

尽管Docker被广泛用于部署和运行各种应用程序，但是对于某些应用程序，Docker并不是合适的选择。这些应用程序可能需要访问底层硬件，或者需要与宿主机密切交互，不适合使用容器化的方式。此外，某些应用程序可能会在容器化的环境中出现性能问题，如内存泄漏等。

例如，由于图形用户界面（Graphical User Interface，GUI）应用程序需要与图形设备密切交互，而Docker容器默认是不支持图形设备的，因此Docker并不适用于运行GUI应用程序。另外，某些应用程序需要直接访问宿主机上的硬件设备，如USB、声卡等，而Docker并不能提供对这些硬件的直接访问。此外，如果应用程序对于宿主机资源的使用非常敏感，如需要大量的CPU、内存、I/O带宽等资源，那么Docker容器化的环境可能会导致性能下降。

A.4.2 安全性不够

Linux容器比虚拟机更加轻量，在很多方面这都是优势，但是保持轻量的方式是让主机与容器共享内核，因此存在安全隐患。一些针对容器的攻击可能会导致主机也不安全。在这一点上，虚拟机更加严格地与主机保持隔离，反而更胜一筹。

A.4.3 性能问题

Docker的性能问题主要有以下4个。

- 容器启动时间。与虚拟机相比，容器启动时间更快，但是相对于裸机而言，还是有一定的启动时间损失的。
- 存储性能。Docker 的存储性能主要受到宿主机存储设备的影响，如果使用 Docker 镜像存储在宿主机的磁盘中，可能会带来存储性能的下降。
- 网络性能。Docker 容器之间的通信需要利用网络虚拟化技术，可能会带来一定的网络性能下降。
- 总体性能。Docker 技术需要在容器和宿主机之间进行额外的资源管理和隔离，可能会带来一定的性能下降。

A.5　Docker 的应用

Docker 技术已经得到广泛应用，成为企业 IT 架构中的重要组成部分。Docker 主要应用于以下方面。

A.5.1　应用程序的开发、测试和部署

Docker 技术使得应用程序的开发、测试和部署更加高效。开发人员可以使用 Docker 容器轻松地构建、测试和运行应用程序，而运维人员可以使用 Docker 容器轻松地部署和管理应用程序。

A.5.2　微服务架构的实现

Docker 技术可以帮助实现微服务架构。开发人员可以将不同的服务打包为 Docker 容器，并通过容器之间的通信实现服务之间的互联和交互。这种方式能够更加灵活和高效地实现微服务架构，提高应用程序的可伸缩性和可维护性。

A.5.3　多云部署的实现

Docker 技术可以助力多云部署。开发人员可以将应用程序打包为 Docker 容器，然后在不同的云平台上部署和运行。这种方式能够更好地利用不同云平台的资源，提高应用程序的可用性和可靠性。

A.5.4　安全性的提高

Docker 技术能够提高应用程序的安全性。开发人员将应用程序打包为 Docker 容器，在

容器中隔离应用程序的运行环境,从而降低应用程序受到攻击的风险。此外,Docker 技术使得应用程序的漏洞修复和安全更新更加便捷。

A.6　Docker 的未来发展

Docker 作为一种先进的容器技术,已经在软件开发和部署领域中取得了巨大成功。一方面,随着 IT 技术的不断发展和进步,Docker 的未来发展前景充满着无限可能。另一方面,随着容器技术的不断发展和普及,Docker 也面临着越来越激烈的竞争。众多的竞争者正在不断涌现,他们不断推出新的容器编排方案和解决方案,试图在这个领域中占据一席之地。

A.6.1　Docker 在容器编排方面的竞争

容器编排是指在大规模容器部署中管理和编排容器的过程。Docker 是容器编排市场的主流。然而,Docker 并不是唯一的容器编排工具,市场上还有其他一些容器编排工具,如 Kubernetes、Mesos 等。这些工具都提供了不同的容器编排解决方案,以满足不同场景下的需求。

Kubernetes(附录 B 详细介绍)是一款由 Google 开源的容器编排工具,它提供了一套完整的容器编排解决方案,包括容器部署、自动扩展、服务发现、负载均衡等功能。相对于 Docker,Kubernetes 具有更强的集群管理能力和更高的可扩展性,可以管理数千个容器,而且支持多种容器运行时,如 Docker、rkt、CRI-O 等。

Mesos 是一个开源的分布式系统内核,它提供了一套完整的分布式应用编排解决方案,包括容器编排、任务调度、资源分配等功能。Mesos 的容器编排框架 Marathon 可以与 Docker 集成,提供了类似 Kubernetes 的容器编排能力。相比于 Kubernetes,Mesos 更加灵活,可以支持各种类型的应用程序,并且可以在多个数据中心和云平台之间进行跨平台部署。

总之,Docker 在容器编排方面的竞争主要来自 Kubernetes 和 Mesos 等开源项目。这些项目提供了更加全面和灵活的容器编排解决方案,可以帮助企业更好地管理和编排容器,提高容器的可用性和可扩展性。

A.6.2　Docker 与云计算的结合

Docker 技术与云计算的结合为企业应用程序的部署和管理提供了一种更为高效和便捷的方式。云计算提供了无限的计算、存储和网络资源,而 Docker 技术则提供了一种更加轻量级、可移植和可扩展的容器化解决方案。结合 Docker 和云计算技术,企业可以轻松地在云端环境中构建、部署和管理应用程序，无须担心硬件设备、网络带宽和安全等问题。此外，Docker 技术还可以帮助企业更好地利用云计算资源，实现更高效的应用程序部署和管理。因此，Docker 和云计算的结合是当今企业 IT 架构中的重要趋势之一，或将在未来持续发展。

A.6.3　Docker 与大数据的结合

Docker 和大数据是两个热门技术领域，它们在各自的领域都有着广泛的应用。在数据处理方面，大数据平台具有高可扩展性、高并发性、高容错性等特点，可以帮助企业更好地管理和处理数据。而 Docker 则提供了一种轻量级、可移植、高效的容器化解决方案，使得应用程序的构建、部署、管理变得更加方便和高效。

在未来，Docker 和大数据的结合将会在企业中发挥更加重要的作用：一方面，Docker 的容器化技术可以帮助企业更加轻松地部署、管理和扩展大数据应用，从而提高整个大数据平台的性能和效率；另一方面，大数据技术的应用也可以为 Docker 提供更多的数据源和数据处理需求，从而推动 Docker 在数据处理方面的发展和应用。

具体来说，未来企业可以将 Docker 容器作为大数据处理平台的基础设施，通过 Docker 的可移植性和高效性，快速构建、部署和管理大规模的数据处理任务。此外，企业还可以通过 Docker 的镜像管理和版本控制功能，更好地管理和维护自己的大数据应用程序。同时，大数据技术也可以为 Docker 提供更多的数据源和数据处理需求，从而推动 Docker 在数据处理方面的发展和应用。

A.6.4　Docker 与人工智能的结合

Docker 作为一种虚拟化技术，可以将应用程序和服务打包成一个可移植的容器，在不同的环境中进行部署和运行。这使得 Docker 在人工智能领域中有着广泛的应用前景。

首先，Docker 可以方便地构建和部署深度学习框架，如 TensorFlow、PyTorch 和 Caffe 等。通过将这些框架打包成 Docker 镜像，用户可以在不同的机器上轻松地部署和运行它们，而无须担心底层环境的差异性和配置问题。

其次，Docker 还可以方便地部署和运行大规模的人工智能应用，如自然语言处理、计算机视觉和推荐系统等。通过将应用程序打包成 Docker 容器，并使用容器编排工具（如 Kubernetes），可以快速地部署和管理这些应用，同时实现高可用性和可伸缩性。

此外，Docker 还可以在人工智能模型的训练和部署过程中提高效率和可靠性。通过使用 Docker 镜像，可以轻松地在不同的机器上部署训练环境，并进行复现性测试，从而提高模型的准确性和可靠性。

附录 B　Kubernetes 简介

Kubernetes 是一个用于容器集群的自动化部署、扩容以及运维的开源平台。它是 Google 在 2014 年发布的一个开源项目，在发布后迅速获得开源社区的追捧，目前已成为市场占有率较高的容器编排引擎产品。在本附录中，我们将简单介绍 Kubernetes 的定义、重要概念、生态系统等，以帮助读者更好地了解 Kubernetes 的技术和应用。

B.1　什么是 Kubernetes

当今云计算和容器技术已经成为许多企业和组织的首选，而 Kubernetes 作为一个成熟的容器编排平台，已经成为云原生应用的事实标准。Kubernetes 能够帮助用户自动管理、部署和扩展容器化应用程序，同时提供了丰富的 API 和扩展机制，可以满足各种复杂应用的需求。

那么，什么是 Kubernetes？Kubernetes 是如何起源的？Kubernetes 有什么特性呢？

B.1.1　Kubernetes 的定义

Kubernetes 是一个开源的容器编排平台，它提供了一个可移植、可扩展和自动化管理容器化应用程序的平台。Kubernetes 最初是由 Google 开发并维护的，现在已经成为 CNCF（Cloud Native Computing Foundation，云原生计算基金会）旗下最受欢迎的项目之一。

Kubernetes 的主要目的是简化容器化应用程序的部署、扩展和管理，提供自动化的容器编排、负载均衡、服务发现、存储管理、自动伸缩和滚动升级等功能。它支持多种容器运行时（例如 Docker、containerd 等）和云平台（例如 AWS、Azure、GCP、OpenStack 等），可以在各种环境中部署和运行，包括本地开发环境、私有云、公共云和混合云等。

通过使用 Kubernetes，开发人员可以更加关注应用程序的开发，而不是基础设施的管理。运维人员可以更加方便地管理和监控容器化应用程序，快速响应用户的需求，保证高可用性和可靠性。总之，Kubernetes 是一款强大的工具，使得容器化应用程序的部署和管理变得更加容易、可靠和高效。

B.1.2　Kubernetes 的起源和发展历程

Kubernetes 的前身是 Google 的 Borg 系统，Google 用这套系统管理数据中心每周产生的 20 多亿个容器。在积累多年的经验后，Google 将 Borg 系统重写并且将新的项目贡献给开源社区，这个项目就是 Kubernetes。

Kubernetes 的发展历程如下。

- 2014 年 6 月，Google 发布 Kubernetes。
- 2015 年 7 月，Kubernetes 成为 CNCF 旗下的第一个项目，并开源发布 1.0 版本。
- 2016 年 11 月，Kubernetes 发布 1.4 版本，增加 DaemonSet、PetSet 等新功能。
- 2017 年 12 月，Kubernetes 发布 1.9 版本，支持多集群管理和扩展 API。
- 2018 年 12 月，Kubernetes 发布 1.13 版本，增加容器存储界面和容器运行时界面。
- 2019 年 11 月，Kubernetes 发布 1.16 版本，引入自定义资源的定义和 Kubernetes Volume Snapshot API 等新功能。
- 2020 年 8 月，Kubernetes 发布 1.19 版本，支持 IPv6、Pod 安全策略的默认启用以及稳定支持 Windows 容器等。
- 2021 年 4 月，Kubernetes 发布 1.21 版本，增加支持 TopologyAware Hints、IPv6 Dual-Stack、ExternalIssuer 等新功能。

自发布以来，包括 Red Hat、VMware、Canonical 在内的诸多有影响力的公司都加入 Kubernetes 的开发和推广中。

B.1.3　Kubernetes 的特性

Kubernetes 包含以下特性。

- 自动化上线和回滚。Kubernetes 会分步骤地将应用和配置的改动上线，同时还会监控应用的实例，确保所有的实例不会同时终止。如果发生问题，Kubernetes 会回滚所做的改动。
- 自我修复。Kubernetes 能够自动重启失败的容器、在节点死亡时调度容器去新的节点运行、杀死不响应健康检查的容器、在容器准备好服务之前不会将容器暴露给客户端。
- Secret 和配置管理。由于 Secret 和配置独立于容器的镜像，因此更新和部署新的

Secret 和配置不需要重新构建镜像。因为 Secret 是经过编码的，所以应用程序的秘密信息不容易泄露。
- 批量执行。Kubernetes 支持批处理任务。
- 水平扩缩。使用 Kubernetes 可以方便地对容器进行水平扩容或者收缩。
- 服务发现与负载均衡。由于 Kubernetes 为容器提供了 IP 地址和 DNS 名称，并且支持负载均衡，因此容器内的应用程序无须使用陌生的服务发现机制。
- 存储编排。Kubernetes 会自动挂载用户配置的存储系统，包括本地存储、AWS 或 GCP 之类公有云提供商所提供的存储或诸如 NFS、iSCSI、Ceph、Cinder 这类网络存储系统。
- 自动装箱。Kubernetes 能够根据资源和其他限制条件自动放置容器，同时避免影响可用性。用户还可以通过自定义限制条件让容器被调度到特定的节点运行。
- IPv4/IPv6 双协议栈。Kubernetes 同时支持 IPv4 和 IPv6。
- 为扩展性设计。Kubernetes 集群本身是易于扩展的。

B.2 Kubernetes 的重要概念

为了充分利用 Kubernetes 的功能和优势，理解其重要概念是非常有必要的。Cluster、Master、Node、Pod、Controller、Namespace 等是 Kubernetes 中基本的概念，每个概念都具有独特的功能和作用，相互之间又存在紧密的联系。熟悉这些概念，能帮助我们更好地理解 Kubernetes 的工作原理和应用场景，从而在实践中更加有效地使用 Kubernetes 平台。

B.2.1 Cluster

Kubernetes Cluster 是由一组物理或虚拟机器组成的，用于运行和管理容器化应用程序的集合。Kubernetes Cluster 提供了一种分布式的、高度可扩展的架构，可以容纳大量的容器化应用程序，并为它们提供资源调度、服务发现、负载均衡、自动扩展和滚动更新等功能。

在 Kubernetes Cluster 中，所有的物理或虚拟机器都扮演着不同的角色，有些是 Master，有些是 Node，它们之间协同工作，以提供高度可靠的容器化应用程序的运行环境。Master 是 Kubernetes Cluster 的控制节点，负责管理整个集群的状态和资源，而 Worker Node 是集群中的工作节点，用于运行和托管容器化应用程序。

Kubernetes Cluster 还提供了许多强大的功能和机制：如 Service 和 Ingress 用于实现服务发现和负载均衡；Volume 和 PersistentVolumeClaim 用于管理存储资源；Secret 和 ConfigMap 用于管理敏感信息和配置数据；Deployment、StatefulSet 和 DaemonSet 用于实现应用程序的自动化部署和扩展。这些功能和机制使 Kubernetes Cluster 成为一个强大的容器编排平台，可以为用户提供高度可靠的、高度可扩展的容器化应用程序的运行环境。

B.2.2　Master

在 Kubernetes Cluster 中，Master 是集群的控制节点，负责管理整个集群的状态和资源，以及协调和调度 Node 上的容器化应用程序。Master 通常是集群中的一台或多台物理或虚拟机器，运行着 Kubernetes Control Plane 中的各个组件。

Kubernetes Control Plane 是 Kubernetes Cluster 的核心组件，它包括以下 5 个主要组件。

- kube-apiserver：提供 API 服务，并处理来自用户、管理员和控制器的所有的请求。
- etcd：提供 Kubernetes Cluster 的分布式键值存储，用于存储集群所有的状态信息和配置数据。
- kube-scheduler：负责在新的 Pod 需要调度到 Node 上时，选择合适的 Node 进行调度。
- kube-controller-manager：包含多个控制器，用于管理和控制 Kubernetes Cluster 的各个方面，如 Replication Controller、Node Controller、Service Controller 等。
- cloud-controller-manager（可选）：用于与云计算平台进行集成，并管理云计算平台中的资源。

Master 还提供了许多强大的功能和机制：如 Namespace 用于隔离和管理不同的应用程序和服务；RBAC 用于授权和认证用户和组织；Service Account 用于在 Pod 中运行应用程序时，自动注入一些安全凭据；API Server Extension 用于扩展 Kubernetes API，增加新的资源类型等。

B.2.3　Node

在 Kubernetes Cluster 中，Node 是用于运行和托管容器化应用程序的工作节点。每个 Node 都具有一定的计算、存储和网络资源，并运行着一个或多个容器化应用程序。

在 Kubernetes 中，Node 可以是物理机器，也可以是虚拟机器，甚至可以是云计算平台中的实例。Kubernetes 通过一种称为 Node Agent 的机制，将 Node 纳入 Cluster 管理中，并通过 Kubelet 组件来监视和管理 Node 上的容器化应用程序。

每个 Node 都有一个唯一的标识符，称为 Node Name。在 Kubernetes 中，Node Name 通常用于在 Cluster 中唯一标识一个 Node，使得 Kubernetes 能够在不同的 Node 之间进行负载均衡和故障转移等操作。

Kubernetes 还提供了许多机制和功能，用于管理 Node 上的容器化应用程序：如 Node

Selector 和 Node Affinity 用于将特定的 Pod 调度到特定的 Node 上；Taints 和 Tolerations 用于控制哪些 Pod 可以运行在特定的 Node 上；NodePort 和 HostPort 用于将服务暴露给外部网络等。这些机制和功能可以使得用户更加灵活地管理和部署容器化应用程序，并最大化利用 Kubernetes Cluster 中的资源。

B.2.4 Pod

在 Kubernetes 中，Pod 是最小的部署单元。它是一组一个或多个容器的集合，这些容器共享相同的网络命名空间和存储卷。每个 Pod 都运行在一个 Node 上，并且 Node 上可以运行多个 Pod，Kubernetes 通过 Pod 来管理和编排容器化应用程序。

Pod 的特点如下。

- 生命周期短暂。Pod 是临时性的实体，其生命周期短暂，它们可以被创建、启动、重启、销毁和替换。
- 共享网络和存储卷。Pod 中所有的容器都共享相同的网络命名空间和存储卷，它们可以相互访问和通信，这使得 Pod 中的容器之间的数据传输更加高效和方便。
- 一个 Pod 只运行一个应用。尽管 Pod 可以包含多个容器，但每个 Pod 只运行一个主要的应用程序容器，而其他容器则提供辅助服务或支持服务。
- Pod 是水平扩展的单位。可以根据应用程序的需要，在 Node 上创建多个 Pod 实例，以实现应用程序的水平扩展。

Kubernetes 通过 Pod Spec 来定义 Pod 的属性和配置信息，包括容器镜像、容器资源、网络配置、存储卷配置等。Pod Spec 通常使用 YAML 或 JSON 格式表示，并通过 Kubernetes API Server 提交到 Kubernetes Cluster 进行创建和部署。

Kubernetes 还提供了多种方式来管理和监视 Pod：如通过 kubectl 命令行工具进行管理和监视；通过 ReplicaSet 和 Deployment 等控制器进行自动化部署和扩展；通过 Service 和 Ingress 等服务对象进行负载均衡和服务发现。这些功能和机制使得 Pod 在 Kubernetes 中成为一个非常重要的概念，是容器化应用程序的基本构建块。

B.2.5 Controller

在 Kubernetes 中，Controller 是一种控制器模式，用于实现应用程序的自动化管理和调度。Controller 负责监视和管理 Kubernetes 中的资源对象，以确保系统状态达到预期，如果发生故障或异常，Controller 会自动采取相应的措施来保证系统的稳定性和可用性。

Kubernetes 提供了多种类型的 Controller，其中最常用的包括以下 6 种。

- ReplicaSet：用于保证 Pod 实例数量的副本数，可以自动扩展或缩减 Pod 数量，以达到应用程序的水平扩展和负载均衡。
- Deployment：基于 ReplicaSet 的控制器，用于控制应用程序的生命周期，实现应用程序的自动化部署、升级、回滚等操作。
- StatefulSet：用于管理有状态应用程序，如数据库等，保证 Pod 的唯一性和有序性。
- DaemonSet：用于在 Kubernetes Cluster 的每个 Node 上运行一个 Pod 实例，常用于运行系统守护进程、日志收集等服务。
- Job 和 CronJob：用于批量处理任务，Job 用于单次任务，CronJob 用于周期性任务。

这些 Controller 通过监控 Kubernetes 中的资源对象，如 Pod、Service、Volume 等，以及与外部资源的交互，如自动扩展、自动重启、自动负载均衡等，实现了应用程序的自动化管理和调度，使得应用程序在 Kubernetes 中更加稳定和可靠。

B.2.6 Namespace

在 Kubernetes 中，Namespace 是一种虚拟的资源分组机制，用于隔离和管理 Kubernetes Cluster 内的资源，例如 Pod、Service、ReplicaSet 等。Namespace 可以将一个物理的 Kubernetes Cluster 分成多个逻辑的 Cluster，每个 Namespace 内部的资源相互隔离，互不干扰。

Kubernetes 内置了一些默认的 Namespace，例如 default、kube-system 和 kube-public 等，用户也可以自定义 Namespace。每个 Namespace 都拥有独立的命名空间，可以在不同的 Namespace 中使用相同的资源名称，避免了资源冲突和命名混淆的问题。

通过使用 Namespace，用户可以在同一个 Kubernetes Cluster 内部部署多个应用程序，每个应用程序使用独立的 Namespace 进行隔离和管理，从而实现资源的共享和隔离，方便管理多租户、多环境的应用程序。同时，Namespace 也可以帮助用户将资源按照不同的项目或部门进行划分和管理。

B.2.7 Service

在 Kubernetes 中，Service 是一个抽象概念，用于将一组 Pod 封装成一个逻辑服务，提供统一的访问入口，并实现了负载均衡和服务发现功能。Service 使得应用程序可以通过 Service 名称和端口号来访问 Pod，而不需要关心 Pod 的具体 IP 地址和端口号，从而使得应用程序更加灵活和可靠。

Kubernetes 中的 Service 有以下 4 种类型。

- ClusterIP：Service 的默认类型，Service 只能在 Kubernetes Cluster 内部访问。

- NodePort：将 Service 暴露在 Node 的固定端口上，使得外部可以通过 Node IP 和 NodePort 访问 Service。
- LoadBalancer：将 Service 暴露在云厂商提供的负载均衡器上，使得外部可以通过公网 IP 和端口号访问 Service。
- ExternalName：将 Service 映射到 Kubernetes Cluster 外部的 DNS 上，使得应用程序可以通过 DNS 来访问 Service。

B.2.8 Ingress

在 Kubernetes 中，Ingress 是一个 API 对象，用于管理 Kubernetes Cluster 外部流量的访问规则，并将流量路由到 Cluster 内部的 Service。Ingress 可以通过定义不同的规则和路径，将流量路由到不同的 Service 和 Pod 上，实现 HTTP 和 HTTPS 的负载均衡和反向代理功能。

Kubernetes 中的 Ingress 需要配合 Ingress Controller 使用。Ingress Controller 是一种负责管理和执行 Ingress 规则的组件。常用的 Ingress Controller 包括 Nginx、Traefik 和 HAProxy 等。Ingress Controller 负责解析 Ingress 规则，监听外部流量的请求，并将流量路由到对应的 Service 和 Pod 上。

通过 Ingress，Kubernetes 可以将多个 Service 和 Pod 封装成一个逻辑的服务，提供统一的访问入口，并实现 HTTP 和 HTTPS 的负载均衡和反向代理功能，从而提高应用程序的可用性和性能。

B.2.9 PersistentVolume 和 PersistentVolumeClaim

PersistentVolume（PV）是一个 Kubernetes 中的资源对象，它表示一个独立的、持久化的存储卷。PV 通常由集群管理员配置，并通过 StorageClass、NFS、iSCSI 等不同的方式来提供和管理。

PersistentVolumeClaim（PVC）是一个由用户创建的 Kubernetes 资源对象，它请求 Kubernetes 集群中的一部分 PersistentVolume 资源来满足容器中的持久化存储需求。PVC 可以根据需要请求一定大小的存储空间，并指定存储类别、访问模式等属性。

借助 PV 和 PVC，用户可以在 Kubernetes 集群中使用持久化存储，而无须关注底层存储设备的管理和维护。这种机制使得用户可以轻松地在容器之间共享数据，并且在容器运行期间保持数据的持久性和可靠性。

B.2.10 ConfigMap

ConfigMap 是 Kubernetes 中一个用于管理应用程序配置信息的资源对象。它可以存储应用程序中需要的配置数据，如数据库连接参数、环境变量、命令行参数、配置文件等。ConfigMap 的作用类似于环境变量或配置文件，但它提供了一种更灵活、可扩展的配置管理方式，使得用户可以更方便地配置和管理应用程序。

ConfigMap 支持多种方式进行创建和管理。用户可以通过命令行工具 kubectl 或使用 Kubernetes API 来创建、修改、删除 ConfigMap。用户还可以使用 Kubernetes 的特殊模板语言，如 YAML 或 JSON 等，来描述 ConfigMap 的配置内容。

应用程序可以通过 Kubernetes 的挂载机制来使用 ConfigMap 中的配置数据。挂载 ConfigMap 后，应用程序可以通过环境变量、命令行参数等方式来访问其中的配置信息。在应用程序运行期间，如果 ConfigMap 中的配置信息发生了变化，Kubernetes 会自动重新加载并更新应用程序的配置。

B.2.11　Secret

在 Kubernetes 中，Secret 是一个用于存储敏感数据的资源对象。它可以用于存储应用程序中需要保密的信息，如数据库密码、API 密钥和 SSL 证书等。与 ConfigMap 类似，Secret 也可以通过多种方式进行创建和管理，如使用命令行工具 kubectl 或使用 Kubernetes API 等。

由于 Secret 中存储的数据是以 base64 编码的形式进行存储的，因此在使用时需要先解码，之后才能得到原始数据。为了保证 Secret 中数据的安全，Kubernetes 提供了多种保护机制，如对 Secret 进行加密、访问控制等。

应用程序可以通过 Kubernetes 的挂载机制来使用 Secret 中的敏感数据。挂载 Secret 后，应用程序可以通过环境变量、命令行参数等方式来访问其中的数据。在应用程序运行期间，如果 Secret 中的数据发生了变化，Kubernetes 会自动重新加载并更新应用程序的敏感数据。

B.2.12　Label 和 Selector

在 Kubernetes 中，Label 和 Selector 用于对 Kubernetes 中的资源进行分类和筛选。

Label 是一种键值对，可以被附加到 Kubernetes 中的任何资源对象上，例如 Pod、Service、Deployment 等。通过为资源对象添加 Label，我们可以对它们进行分类和标记。例如，我们可以为属于同一个应用程序的 Pod 添加相同的 Label，或者为一个 Service 添加描述其用途的 Label。Label 的使用可以帮助用户更好地组织和管理 Kubernetes 中的资源。

Selector 是一种过滤器，它可以根据 Label 来选择特定的资源对象。Selector 通常用于将多个资源对象组合成一个逻辑单元，例如将多个 Pod 组合成一个 Service。在创建一个 Service 时，用户可以指定 Selector 来选择符合条件的 Pod，并将它们组合成一个 Service。当 Pod

的 Label 发生变化时，Service 的 Selector 会自动更新，以保证 Service 仍然能够选择正确的 Pod。

B.3 Kubernetes 的生态系统

Kubernetes 是一个强大的容器编排平台，它拥有丰富的功能和组件，可以满足不同用户的各种需求。除了 Kubernetes 自身的核心组件和功能之外，许多插件和扩展可以为 Kubernetes 的用户提供更多的选择和支持。这些扩展和组件可以帮助用户更好地使用和扩展 Kubernetes，提高应用程序的可用性、可靠性和安全性。同时，Kubernetes 有一个非常活跃的社区，拥有众多的开发者和用户，他们不断创新和推动 Kubernetes 的发展。插件和扩展、社区是 Kubernetes 自身的生态系统组成部分，如果从一个更广阔的视角来看，Kubernetes 也是云原生生态系统的重要组成部分，在云原生生态系统中扮演着关键的角色。

B.3.1 Kubernetes 的插件和扩展

Kubernetes 的插件和扩展是对其核心功能的补充和扩展，可以满足用户不同的需求和场景。这些插件和扩展提供了各种不同的功能，例如网络、存储、日志、安全等。这些插件和扩展可以方便地通过 Kubernetes 的插件机制进行部署和管理。

举例来说，Kubernetes 的网络插件可以扩展其内置的网络模型，为用户提供更高级的网络功能，例如跨节点的网络通信、网络隔离和负载均衡等。另外，Kubernetes 的存储插件可以为应用程序提供各种不同的持久化存储方案，例如本地存储、网络存储和云存储等。此外，Kubernetes 还支持各种不同的日志和监控插件，可以帮助用户更好地监控和调试其应用程序。

B.3.2 Kubernetes 的社区

Kubernetes 的社区是由一群热爱开源和云原生技术的人们组成的。他们致力于推广和普及 Kubernetes，并为 Kubernetes 社区贡献自己的力量。这个社区不仅有各种组织和公司，还有个人开发者和爱好者。社区成员通过各种渠道进行交流和协作，例如邮件列表、论坛、Slack 等。

B.3.3 Kubernetes 与云原生生态系统

Kubernetes 是云原生应用的核心技术，同时也是云原生生态系统的重要组成部分。Kubernetes 提供了一种标准的、可移植的、可扩展的方式来管理容器化应用程序，使得云原生应用能够更加灵活、高效、可靠地部署和运行。Kubernetes 在云原生生态系统中扮演着关键的角色，推动着云原生技术的发展和普及。

云原生生态系统包括了各种云原生技术和项目，例如容器运行时、服务网格、监控和日志、CI/CD 和安全等。这些项目和技术都是为了解决云原生应用在不同环境下的部署和运维问题而开发的。Kubernetes 与这些项目和技术相互配合，共同构建了一个完整的、能够满足不同需求的云原生生态系统。

B.4 Kubernetes 的未来展望

随着云计算技术的不断发展，Kubernetes 已经成为云原生应用部署和管理的标准。随着更多的企业开始采用 Kubernetes，它的发展也越发迅速。那么 Kubernetes 未来会有怎样的发展呢？未来的 Kubernetes 会有哪些应用场景？

B.4.1 Kubernetes 的发展趋势和未来方向

随着 Kubernetes 在云原生领域的不断普及和应用，其未来的发展趋势和方向也日渐清晰。以下是 5 个 Kubernetes 的未来发展方向。

- 更加智能化的管理。Kubernetes 未来将会引入更多的智能化管理工具和技术，以提高集群管理的自动化程度和效率。
- 更加安全的部署。在安全方面，Kubernetes 将会引入更多的安全策略和机制，保障应用的安全性。
- 更加多样化的应用。Kubernetes 未来将支持更加多样化的应用场景，如容器化的机器学习和人工智能等应用。
- 更加紧密的云服务集成。Kubernetes 将会进一步与云服务集成，以支持更加便捷的云原生应用开发和部署。
- 更加丰富的生态系统。Kubernetes 的生态系统将会越来越丰富，包括更多的插件、工具和服务等，以支持更多的应用场景和需求。

B.4.2 Kubernetes 的应用前景

在未来的发展趋势中，Kubernetes 将继续保持开放、可扩展和灵活的特点，同时也会向以下 4 个方向发展。

- 服务网格。Kubernetes 将更加深入地融合服务网格技术，以帮助用户更好地管理和监控微服务架构。
- 边缘计算。随着边缘计算的快速发展,Kubernetes将逐渐适应边缘场景的需求,为边缘设备和应用程序提供更加稳定、高效和灵活的容器平台。
- 人工智能和机器学习。Kubernetes将在人工智能和机器学习领域得到广泛应用,以更好地支持大规模的数据分析和模型训练。
- 混合云。随着混合云的兴起,Kubernetes将成为不同云平台之间的桥梁,为用户提供跨云和多云的部署与管理能力。

在这些新的应用场景和技术领域中,Kubernetes将继续扮演核心角色,为用户提供高度可扩展、可靠、安全和灵活的容器平台。